U0162789

国家特色专业物理学建设系列成果

普通物理实验设计

向文丽　陈彦辉　编　著

南京大学出版社

图书在版编目(CIP)数据

普通物理实验设计 / 向文丽，陈彦辉编著. -- 南京：南京大学出版社，2022.7

ISBN 978-7-305-25881-7

Ⅰ. ①普… Ⅱ. ①向… ②陈… Ⅲ. ①普通物理学—实验—高等学校—教材 Ⅳ. ①O4—33

中国版本图书馆 CIP 数据核字(2022)第 105323 号

出版发行 南京大学出版社
社　　址 南京市汉口路 22 号　　邮　编 210093
出 版 人 金鑫荣

书　　名 普通物理实验设计
编　　著 向文丽　陈彦辉
责任编辑 刘　飞　　编辑热线 025-83592146

照　　排 南京南琳图文制作有限公司
印　　刷 南京人文印务有限公司
开　　本 787×960　1/16　印张 10.75　字数 178 千
版　　次 2022 年 7 月第 1 版　2022 年 7 月第 1 次印刷
ISBN 978-7-305-25881-7
定　　价 39.00 元

网址：http://www.njupco.com
官方微博：http://weibo.com/njupco
官方微信号：njupress
销售咨询热线：(025) 83594756

前　言

2015年，楚雄师范学院获批为云南省地方大学应用型整体转型改革试点高校。学校坚持应用型大学的办学定位，以“品行好，上手快，后劲足，能创新”为人才培养目标，着力为地方经济建设和社会事业发展培养高素质应用型人才。物理学（师范）专业于2010年被批准为第六批国家特色专业建设点，2020年被批准为云南省一流专业建设点，在长期办学摸索和实践过程中逐步形成“重师德、强基础、突能力、专业与教师职业融合培养”的人才培养模式，实践证明这是适合当前新时代、新发展、新校情的正确选择。“能创新”“突能力”是应用型本科人才培养的重要培养目标，而实验教学是培养学生独立思考问题的能力、动手实践能力和创新精神最行之有效和关键的方法途径之一，为了更好地适应当前人才培养的新要求，并适应毕业要求和课程体系的变化，加强学生综合设计和创新能力的培养，以本校培养应用型人才定位为导向，在本校王昆林教授、岳开华副教授于2014年主编出版的《普通物理实验》基础上，结合教师从事物理实验教学和培养学生多年的经验，补充编写了本教材《普通物理实验设计》，在《普通物理实验》课程完成后的下一个学期开展。

《普通物理实验设计》是《普通物理实验》的提升，更加强调“设计”和“研究”，在传统经典的实验项目基础上突出创新和改进，提出新思路、新方法、新项目、新装置等。它是让学生独立自主选题，设计实验方案，采用科学的、改进的、创新的实验方法，搭建实验平台进行实验，多次采集数据、分析数据并不断完善实验方案，结合计算机辅助处理数据、分析实验结果，得出结论，最后撰写成论文的过程。它比传统的测量性、验证性实验更能开发学生的创新精神，同时为毕业论文的撰写打下坚实的基础，对培养能创新的应用型本科人才具有一定的促进作用。

本教材撰写的思路秉承“以学生发展为中心，以能力为导向”，探究“培养什么人、怎样培养人、为谁培养人”这一根本问题，通过理论基础、案例教学、选题参考相结合三个模块，层层深入，引导式地设计本教材的内容。第一篇是《普通物理实验设计》需具备的基础知识，编者主要概述了误差理论、数据处理方法、计算机软件辅助处理数据、计算机仿真物理实验、文献检索、论文撰写基本要求等基础知识；第二篇是《普通物理实验设计》的研究思路和方法，在云南边疆少数民族实验设备相对缺乏、现代测试手段有限的情况下，如何利用传统设备或自制简易装置，采用新方法设计研究实验，启发学生能力和创新精神？编者以案例的方式，抛砖引玉，启发教育，引入教师在课程教学中的教学经验和开放项目、毕业论文、云南省大创项目、全国大学生物理实验竞赛等第二课堂实践成果，以及指导学生在公开刊物中发表的论文成果，启发学生“站在巨人的肩膀上”学习。通过案例启发学生，学习实验案例的设计构思、实验装置、实验安排、数据处理、论文撰写思路、创新思路等，以此培养学生创新实验设计研究的思路和方法；最后的第三篇，编者采用选题参考的方式，提出创新实验设计的方向和要求，没有详细的实验步骤，只有简单的提示，留下更多的空间让学生在科学的基础上拓展和创新。学生除了要学习实验设计研究理论知识，还需大量阅读他人的文献，“站在巨人的肩膀上”学习和理解别人的“创新”和“设计”，结合实验室的条件和学生感兴趣的方向，大力思考，发现问题，通过自主设计实验方案、搭建实验平台、实验实施、数据处理解决问题，并撰写成论文，进一步培养学生创新实验能力。

本教材收集了 12 个设计研究案例和 18 个选题参考实验项目，12 个设计研究案例均在本校物理与电子科学学院“六项一目”第二课堂中实践过，同时是编者多年物理实验教学、指导学生开放项目、毕业论文、云南省大创项目、全国大学生物理实验竞赛、指导学生发表论文成果的凝练和总结。通过实践证明，12 个普通物理设计性实验案例科学可行。18 个选题参考实验项目是编者结合教学中的经验、指导学生实践中，参考了相关文献以及部分教材中提出的适合本校实验室条件的设计项目。

学生结合教师所给的 12 个设计研究案例和 18 个参考设计研究选题，结合实际，自主设计探究实验。通过本课程的训练，达到本课程培养的四个目标：首先是选题目标，在教师指导下，学生能运用计算机网络及各种资源完成文献调研，了解物理学的科学前沿理论、应用前景和科研发展动态，自主选题并设计课题，分析课题涉及的普通物理基本理论知识、基本原理，选题符合物理学专业学生大学物理实验设计研究课程的基本要求，具有一定的实验价值、科学性、设计性、创新性；第二是实验设计能力目标，学生能够综合运用相关学科知识，通过科学的、综合的实验方法和测试手段，提出、分析相关物理问题并找到解决方案，通过团队合作和个人的方式，选择合适的方法，设置一定的参数，开展合理的实验研究，并对实验数据进行科学处理分析，能利用计算机信息技术辅助处理数据以提高实验的精确度；第三是撰写论文能力目标，学生通过调研、实验设计、实验实施、数据处理、结果分析后，能够以撰写论文的方式，分析、归纳、总结、表达实验设计研究工作，反思实验设计研究工作的优缺点，培养科学思维、批判精神和分析能力，为今后从事中学物理创新实验教学研究打下一定基础；最后是价值目标，通过实验培养学生良好的实验习惯、严谨的科学作风、团结协作的优良工作作风，树立科学的发展观、人生观、价值观，使学生初步具备综合性、设计性物理实验研究的能力，具有较强的创新精神和创新能力。

本书虽基于本校物理学（师范）专业的创新设计、研究实验需求、课程教学而编写，但对其他地方高校物理学专业以及理工科相关专业的大学生综合及设计创新实验训练、物理实验教师也具有一定的参考价值。

感谢楚雄师范学院及物理与电子科学学院为编者提供良好的工作平台和实验条件；感谢楚雄师范学院的物理与电子科学学院、科技处、材料制备及动态力学行为研究所、天体物理研究所等部门的支持和帮助；感谢云南省“万人计划”“青年拔尖人才专项（证书编号：YNWR－QNBJ－2019－182）”和“国家自然科学基金地区项目（项目编号：51561002）”对本书出版的大力资助；最后，再衷心感谢共同参与本书撰写及校正的陈彦辉博士。

由于编者水平有限，书中错误在所难免，恳请各位专家、同行、同学以及其他读者批评指正，谢谢！

向文丽

2022 年 7 月于楚雄

目　录

1.1　普通物理实验设计的含义、目标及方法

一、普通物理实验设计的含义

传统的普通物理实验让学生具备了一定的理论和实验实践能力,但传统的普通物理实验主要是测量和验证性实验,综合设计性、研究性、创新型实验甚少或基本没有。普通物理实验设计是普通物理实验课程的补充,是高校物理实验的重要环节。它主要是以学生为主体,在教师的指导下,学生独立自主设计实验方法、实验装置进行实验,分析实验结果并科学处理得出结论,最后撰写成文的过程。

二、普通物理实验设计的目标

本书能使学生在物理基本知识、基本方法和基本实验技能等方面进一步受到较系统的训练,提高学生分析问题、解决问题、理论联系实际的能力以及良好的实验习惯和严谨的科学作风;着重培养学生的创新能力和综合设计能力,使学生具有较强的动手能力、创新精神和创新能力;扩大学生的知识面,使其有机会接触到比较近代的测试方法和测试手段;学习多学科各种实验方法和手段的综合应用方法;提高学生归纳、总结、分析实验结果、撰写论文的能力。

本书和传统的《普通物理实验》有所区别,没有详细的实验步骤,更多的是实验设计思路、实验方法、实验启发等。本书首先概述了普通物理实验设计必须具备的基础知识；其次以案例的方式注入书籍，引导学生怎么去设计以及学会创新，充分调动学生的主动性和积极性，激发学生从事物理学实验研究的兴趣和热情，提高学生实验设计和实验研究的能力；最后以选题参考的方式注入书籍，提出问题，引导学生思考问题、解决问题。本书比传统的测量性、验证性实验要求更高，更多地需要学生自主思考设计，而不是按部就班，一定程度上更能激发学生的学习热情、开发学生的创新精神和创新能力，培养唯物主义的世界观；同时为毕业论文的开展和撰写打下一定基础，对培养创新能力强的应用型本科人才具有一定的促进作用，为以后从事教学研究、实验研究等工作建立良好的基础。

三、普通物理实验设计的方法

普通物理实验设计是一项实事求是、客观求实的过程，是模拟科学研究的过程，具有客观性、先进性、综合性、设计性、交叉性、应用性等特点。其中，实事求是是关键，设计的实验是科学客观的实验，科学的理论基础是实验设计的基础；而大力创新是普通物理实验设计的灵魂，站在巨人的肩膀上才能看得更远，才能推陈出新。因此，除了学习理论基础，更需大量阅读他人的文献，学习和理解别人的“新”和“实践”，从中启发，同时结合自己的特点、兴趣特长，并善于利用实验室现有的实验平台装置以及生活中常用的“瓶瓶罐罐”等，大力思考如何自主选题；如何在现有的实验基础上去改进；如何打破常规，在实验方法、实验装置、数据处理等方面找到突破口，从而创新实验，对普通物理实验进行创新设计和深层次研究。

普通物理实验设计是一项长期工程，没有最好，只有更好！您准备好了吗?

1.2 普通物理实验设计的主要流程

普通物理实验设计，主要是模拟科学研究的过程，是以教师为指导，学生为主体的研究过程，是学生自主创新实验、不断总结、不断完善的过程。实验步骤粗略为：反思做过的传统实验、查阅文献、结合兴趣科学选题；设计实验方案、搭建实验平台、反复实验、数据分析；实验过程中不断总结，实践与设计、研究与设计、实践与思想不断“撞击”，启发“创新”从而优化实验方案；不断完善实验，并善于利用现代化技术分析实验结果；最后将整个实验提炼浓缩，撰写成论文。从选题到设计，从设计到实验，从实验到撰写论文，主要为三大流程，具体流程如图 1-1 所示。

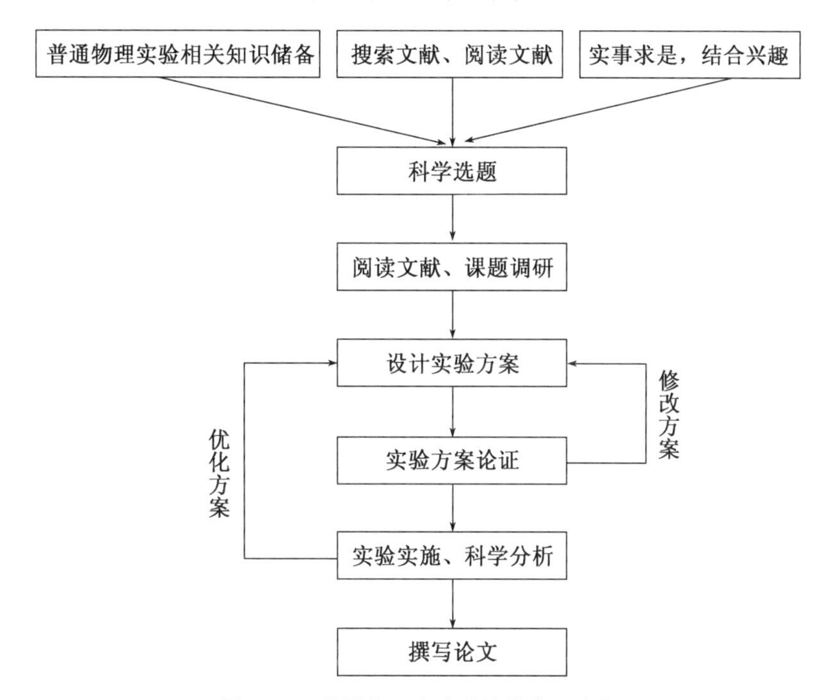

图 1-1 普通物理实验设计的主要流程

1. 科学选题

学生在系统地学习普通物理基础实验以及普通物理相关理论知识后，初步具备一定的创新设计、物理实验研究的能力，结合基础实验中感兴趣的、存在问题的、有待完善的、可以拓展的、可以创新的项目，通过大量阅读文献，结合实际构思选题。整个过程中不能天马行空，创新要有一定的科学依据，实事求是，科学选题。

2. 站在巨人的肩膀上调研课题

在信息爆炸时代，调研课题、创新设计均具有强大的网络平台支撑，走出校门的重要途径之一是学会文献检索，阅读巨人的著作、文献等，从而调研课题、启发创新。对于文献检索，各高校内网均有很多免费的数据库，例如楚雄师范学院的同学，可以通过学校内网打开学校网页（http://www.cxtc.edu.cn/）点击图书资料菜单进入到“楚雄师范学院图书馆”，选择您需要的数据库（百链云图书馆（中外文）、维普中文期刊、超星中文期刊、万方学位论文及期刊等）检索文献。以百链云图书馆数据库为例，登陆百链云图书馆，对检索项进行设置进行检索，并选择你所需要的文献进行下载，文献的格式一般为 PDF 格式，需要下载相应的 PDF 阅读软件才可阅读。如果要精确检索，可以点击高级检索，对检索结果进行更多限制以精确搜索所需要的论文。通过仔细研读设计实验相关课题的实验构思、设计思路、创新要点等，站在巨人的肩膀上调研课题，设计实验思路。

3. 大力创新，制定实验方案

实验方案是指导实验实践的中心环节，其科学性、创新性、可行性等因素均需考虑。第一，分析实验涉及的原理，满足的公式，即实验的理论依据，建立物理模型；第二，根据实验原理，汇总不同的实验方法，比较不同方法对应的模型优缺，构思实验的创新性和可行性，结合实验室条件和仪器的精度，即以误差为依据，选择适当的实验方法；第三，设计实验参数：包含实验的对象、实验的最佳条件、测量的仪器和材料等不同因素；第四，明确实验的内容以及实验预期的目标，制定实验步骤。

以“折射率的测量设计”为例。第一，分析“折射率的测量设计”，根据实验对象的物理性质，研究与实验对象相关的物理过程原理及过程中各物理量之间的关系，推导数学公式，通过分析，建立光的折射模型、全反射测量折射率模型、光的干涉间接测量折射率模型、光的偏振间接测量折射率模型等；第二，比较不同测量模型优缺，分析实验方法的“痛点”问题，通过设计合适的实验方法解决“痛点”问题，最终确定实验的方法和思路；第三，根据设计要求，选用合适的仪器和装置，误差分配，选择有利的实验条件及参数范围最小限度的减小误差，提高实验的精确度；最后，明确实验的内容以及实验预期的目标，制定实验步骤。

4. 实验实施，优化实验

实验方案初步确定后还需进一步论证和完善，充分了解所需实验仪器性能和操作方法后，实施实验并重复实验。首先，粗做实验，了解实验方案的可行性；其次，完善实验方案，细做实验，在实验的过程中又不断修正、优化甚至创新实验方案。

5. 科学分析，得出结论

充分利用合适的数据处理方法分析实验结果，同时，利用计算机软件处理实验、仿真实验，从而辅助分析实验结果。结合实验理论知识，从精度上、深度上科学分析和解释实验结果，得到结论。

6. 撰写论文

通过创新实验、分析实验结果后撰写论文，论文主要包含论文题目、摘要（中文、英文）、关键词语、引言、正文、结论、参考文献。其中，正文主要为实验仪器设备和材料、实验原理、实验实施过程、实验结果分析与讨论等。

论文题目是整篇论文的中心主题，题目的设计要匹配实验的内容；摘要一般是实验的简要浓缩介绍；关键词语一般3～5个，主要是论文中高频词语、中心词语；引言的目的主要是阐述本实验工作的原因和解决的问题，一般地，主要介绍本实验工作的相关背景、研究现状和实验意义；正文是论文的核心部分，一般通过客观地阐述实验原理，实验实施过程，通过图表的方式分析实验结果，最后得出结论；参考文献是论文撰写中参考或借鉴的文献资源信息，哪些部分的工作、公式、语言等是引用别人的文章，要按一定的顺序和格式标注给出。

撰写设计性实验论文是提前准备毕业论文的前奏，对大三的学生提前了解和准备毕业论文，最终顺利毕业具有一定的帮助，设计性实验和毕业论文并不冲突，好的设计性实验论文经过打磨后可成为毕业论文。

毕业论文(graduation study)是指高等学校(或某些专业)为对本科学生集中进行科学研究训练而要求学生在毕业前撰写的论文。一般安排在修业的最后一学年(学期)进行。学生须在教师指导下，选定课题进行研究，撰写并提交论文。目的在于培养学生的科学研究能力；加强学生综合运用所学知识、理论和技能解决实际问题的能力；从总体上考查学生本科阶段学习所达到的学业水平。论文题目由教师指定或由学生提出，经教师同意并确定，题目一般为本专业学科发展或实践中提出的理论问题和实际问题。通过选题，查阅、评述文献，制订研究方案，设计进行科学实验或社会调查，处理数据或整理调查结果，对结果进行分析、论证并得出结论，最后撰写论文。

普通物理实验设计主要流程突出和强化“学生为主体”“能力为导向”“创新为目标”。学生在教师的指导下，认真思考，积极创新，自主确定实验选题，自主设计实验方案，自主实验测量和论证过程，分析实验结果并不断优化和修正实验方案，最后将实验结果通过一定的方式归纳总结，撰写成论文。

1.3 普通物理设计性实验误差分析要点

在普通物理实验设计中,实验方案的确定是实验实施前的必需步骤,实验采用什么方法、装置?每个物理量怎么测量?需要多大的精度?而这些问题在实验前须以误差分析为一定依据进行设计,仪器的选择与配套均要满足实验设计的要求,使测量的物理量误差和不确定度最小。同时,实验后的数据处理也须以误差分析为基础,科学评判实验结果。实验后的误差分析一定程度上可反馈实验的科学性、检验实验方案的合理性、优化实验方案甚至启发新的实验方案,从而改进实验、创新实验。实验过程中误差分析是进行普通物理实验设计研究的重要环节之一,掌握正确的误差分析概念和误差分析方法是进行普通物理实验设计研究的重点环节。

详细的误差分析理论可以从普通物理实验教程中学习,物理实验误差分析要特别注意以下几个要点。

1. 分清直接测量和间接测量

实验学科一般均以测量为基础,测量是指用实验方法确定被测对象的量值的实验过程,测量时使用的仪器称为测量仪器,测量仪器用于直接或间接测出被测对象的量值。测量分为直接测量与间接测量。直接测量是指可以用测量仪器和待测物理量进行直接比较得到的结果。例如用游标卡尺、天平、秒表、电压表、电流表、弹簧秤分别进行长度、质量、时间、电压、电流、力的测量均为直接测量。间接测量则是不能直接用仪器把待测物理量测出来,而要依据待测量与某几个直接测量量的函数关系求出待测物理量。

例如,通过游标卡尺测量圆柱体高 h 和直径 d,都是直接测量量,通过 $V=\frac{1}{4}\pi d^2 h$ 圆柱的体积物理量的测量即为间接测量;通过米尺测量单摆的摆长 l 和秒表测量单摆振动的周期 T 都是直接测量量,由已知的公式 $g=4\pi^2 l/T^2$ 算出重力加速度 g 值的过程就是间接测量。

2. 从根源上减小误差

只要是测量,必然会产生误差。为了提高实验的精确度,需对实验误差进行判断并尽量减小或消除。测量误差一般分为系统误差、随机(偶然误差)、过失(粗大)误差。

在相同条件下多次重复测量同一物理量,如果每次测量值的误差基本恒定不变(大小和符号不变)或按某种确定规律变化,导致被测结果总向偏大或偏小的一方进行,这种误差称作系统误差。例如:用伏安法测电阻实验中,电流表表头内阻和电压表的表头电阻分别有一定的分压和分流作用,导致测量结果整体上偏大或偏小,该误差呈现一定的规律,由测量方法引起的误差为系统误差。系统误差的来源有很多,如仪器的因素、测量理论等多种,一般在结果中予以修正。

在相同条件下多次测量同一物理量,被测量时产生的大小和符号是不可预知的、随机变化着的误差,这种误差称作随机误差(偶然误差)。例如利用游标卡尺多次测量圆柱体的直径、天平多次测量质量所带来的误差均为随机误差,其具有随机性,不可预知性,在测量前不能得知测得值将偏大或偏小。一个测得值的随机误差是多项偶然因素综合作用的结果,通常这些因素是人们所不知或因其变化过分微小而无法加以严格控制,但若在固定的外界观测条件下,误差列却呈现出一定的统计规律性,常见的是正态分布,其次如均匀分布、三角形分布、偏心分布等。因此,实验中通过重复多次测量并进行数学处理可得到可信的测量结果。

过失误差是指由于操作人员的操作错误、粗心大意及仪表的误动作等原因而造成的误差。对于粗大误差可以用统计的数学方法进行剔除。

综上,系统误差是可以修正的,随机误差(偶然误差)是可以控制的,过失误差是可以避免的。

3. 掌握不确定度评定方法

误差的传统定义为测量值与真值之差,即测量值偏离真值的程度。测量的理想结果是真值,但测量会受环境、仪器、人为等因素影响,真值是不能确知的,只存在于理想状态中,实验中往往用约定真值来代替真值,但此时还需考虑约定真值本身的误差,可能得到的只是误差的估计值。因此,一个完整的测量结果除了应给出被测量的最佳估计值外,还应包含对测量值可疑(可信)程度的说明,即对测量结果的可信度有一定的科学评价。如何科学合理地定量分析测量结果误差大小和误差严重程度,20世纪90年代国际计量组织提出了测量结果用不确定度U来评定和表示。

测量不确定度描述的是由于测量误差的存在而导致被测量值不能准确测定的程度,是测量值与真值之差的可能的范围,即被测量的真值以某种置信概率存在的范围。通过不确定度的标准公式可快捷简便地计算其值,并且通过其大小可评价测量结果的测量质量和误差。在一定程度上,不确定度的值越小,说明测量值越接近真值,离散性越小,结果越可靠。因此,不确定度在一定程度上比测量误差更具有可操作性和通用性。由于不确定度是对测量结果不确定程度的评价,要注意其有效数字一般只有一个,不超过两个。

测量不确定度的来源有多个,从计算方法上可分为两类:一类称为A类分量U_A,它是用统计学方法计算的分量,是随机误差性质的不确定度;另一类称为B类分量U_B,是用其他方法(非统计方法)评定的分量,是系统误差性质的不确定度。计算不确定度,常用计算标准去表示,称为标准不确定度。

直接测量物理量x,等精度测量n组实验数据,分别为$x_1,x_2,x_3,\cdots,x_n$,其不确定度分析基本步骤:

(1) 求x的平均值

$$\bar{x}=\frac{1}{n}\sum_{i=1}^{n}x_i \tag{1-3-1}$$

(2) 求$\bar{x}$的标准偏差

$$s(\bar{x})=\sqrt{\frac{\sum(x_i-\bar{x})^2}{n(n-1)}} \tag{1-3-2}$$

(3) x的标准不确定度的A类分量

$$U_A(x)=S(\bar{x}) \tag{1-3-3}$$

若最大允许误差为Δ_m(一般为x的测量仪器精度),当测量数据呈均匀分布时,则x的标准不确定度B类分量

$$U_B=\frac{\Delta_m}{\sqrt{3}} \tag{1-3-4}$$

(4) 合成不确定度

$$U(x)=\sqrt{U_A^2+U_B^2} \tag{1-3-5}$$

(5) 测量结果

$$x=\bar{x}\pm U(x) \tag{1-3-6}$$

间接测量物理量 y,与直接测量量 $x_1,x_2,\cdots,x_n$ 具有函数关系 $y=f(x_1,x_2,\cdots,x_n)$,其不确定度分析基本步骤:

(1) 计算各直接量不确定度 $U(x_i)$;

(2) 计算 y 的平均值:$\bar{y}=f(\bar{x}_1,\bar{x}_2,\cdots,\bar{x}_n)$;

(3) 根据 $y=f(x_1,x_2,\cdots,x_n)$,求出 y 分别对 $x_1,x_2,\cdots,x_n$ 的偏导数 $\frac{\partial f}{\partial x_i}$ 或 $\frac{\partial \ln f}{\partial x_i}$;

(4) 求出 $U(y)=\sqrt{\sum_{i=1}^{n}\left(\frac{\partial f}{\partial x_i}\cdot U(x_i)\right)^2}$ 或

$E(y)=\sqrt{\sum_{i=1}^{n}\left(\frac{\partial \ln f}{\partial x_i}\cdot U(x_i)\right)^2}$;

(5) 测量结果:$y=\bar{y}\pm U(y)$,$E(y)=\frac{U(y)}{\bar{y}}\times 100\%$。

1.4　普通物理实验常用数据处理方法

实验结果分析是普通物理综合设计性实验的重要环节，数据处理是对实验结果分析的重要方法之一。常用的数据处理方法有作图法、最小二乘法、逐差法等，选择合适的数据处理方法是进行设计性实验必须掌握的基础知识之一。

一、作图法处理数据

作图法是一种重要的数据处理方法，由实验数据作出自变量和因变量的关系图，作图法可形象、直观地显示出物理量之间的函数关系，也可用来求某些物理参数。例如，可以通过图中直线的斜率或截距求得待测量的值，可以通过内插或外推求得待测量的值等。

以单摆法测量重力加速度数据为例，学会利用作图法求斜率得到重力加速度，实验数据记录于表 1 - 1。

表 1 - 1　单摆法测量重力加速度实验数据

序号/项目	摆长 L/cm	周期 T/s	T^2/s^2
1	100.00	2.013	4.05
2	80.00	1.811	3.28
3	60.00	1.571	2.47
4	40.00	1.282	1.64
5	20.00	0.923	0.85

由单摆法测量重力加速度公式，即

$$T^2=\frac{4\pi^2}{g}L \tag{1-4-1}$$

式中：T 为周期；g 为重力加速度；L 为单摆摆长。

由公式(1-4-1)可知，理论上，T^2 和 L 呈一次线性函数关系。利用表

1-1 中不同摆长下的五组实验数据，通过选择合适的坐标纸、确定坐标的分度和标记、标实验点、连线、注解作出实验图如图 1-2 所示。为了减小误差，所取的两点在实验范围内应尽量彼此分开一些，在图线上选取两点 $A(30.00,1.24)$ 和 $B(90.00,3.65)$ 求斜率，两点均不是原始实验数据点，从图线上直接读取，并且该坐标值最好是整数值。

$$k=\frac{3.65-1.24}{90.00-30.00}=0.0402$$

根据式(1-4-1)，得到

$$g=\frac{4\pi^2}{k}=982.05\ \text{cm/s}^2$$

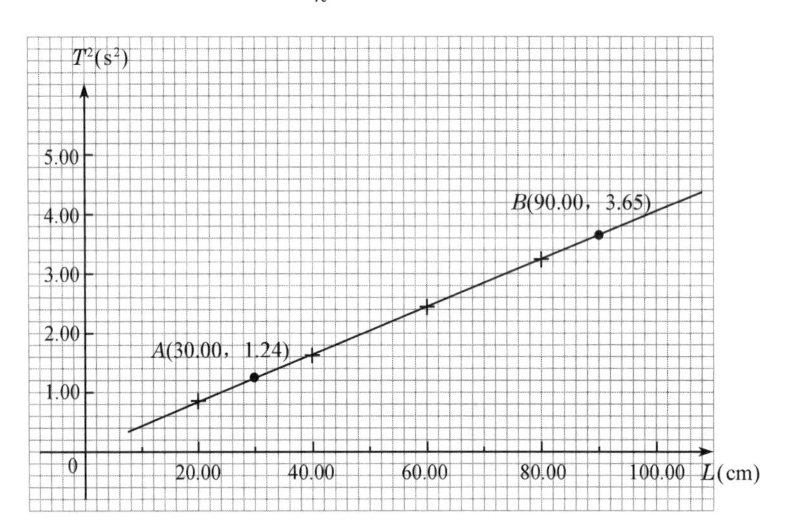

图 1-2　单摆 T^2-L 图

二、最小二乘法处理数据

作图法处理数据直观形象，但手工制图存在一定随意性和误差。当一组实验数据(x_i,y_i)基本分布在曲线上，通过偏差平方和最小求该曲线的方法，即求出 x,y 两个物理量之间的函数关系称为最小二乘法。最小二乘拟合法是以严格的统计理论为基础，是一种科学而可靠的曲线拟合方法。此外，还是方差分析、变量筛选、数字滤波、回归分析的数学基础。

实验中，常用最小二乘法解决直线拟合问题即一元线性回归问题，该方法拟合直线优于手工作图法。由于某些曲线型的函数可以通过适当的数学变换而改写成直线方程,这一方法也适用于某些曲线型的规律。在此主要介绍最小二乘法对一元线性拟合的应用。

设物理量 y 和 x 之间的满足线性关系,则函数形式为

$$y=a+bx \tag{1-4-2}$$

通过实验,获得的 n 对数据为$(x_i,y_i)(i=1,2,\cdots,n)$。由于误差的存在,当把测量数据代入所设函数关系式时,等式两端一般并不严格相等,而是存在一定的偏差。

为了讨论方便起见,设自变量 x 的误差远小于因变量 y 的误差,则这种偏差就归结为因变量 y 的偏差,我们将这些误差归结为 y_i 的测量偏差,并记为 $\varepsilon_1,\varepsilon_2,\cdots,\varepsilon_n$,根据最小二乘法,获得相应的最佳拟合直线的条件为偏差平方和最小,即 $S=\sum_{i=1}^{n}\varepsilon_i^2=\sum_{i=1}^{n}(y_i-a-bx_i)^2$ 最小。使 S 为最小的条件由其一阶微商为零:

$$\begin{cases}\dfrac{\partial S}{\partial a}=-2\sum_{i=1}^{n}(y_i-a-bx_i)=0\\ \dfrac{\partial S}{\partial b}=-2\sum_{i=1}^{n}[y_i-a-bx_i]x_i=0\end{cases} \tag{1-4-3}$$

展开(1-4-3)式,得

$$\begin{cases}\sum_{i=1}^{n}y_i-na-b\sum_{i=1}^{n}x_i=0\\ \sum_{i=1}^{n}(x_iy_i)-a\sum_{i=1}^{n}x_i-b\sum_{i=1}^{n}x_i^2=0\end{cases} \tag{1-4-4}$$

令 $\bar{x}=\dfrac{1}{n}\sum_{i=1}^{n}x_i,\bar{y}=\dfrac{1}{n}\sum_{i=1}^{n}y_i,\bar{x}^2=\left(\dfrac{1}{n}\sum_{i=1}^{n}x_i\right)^2,\overline{x^2}=\dfrac{1}{n}\sum_{i=1}^{n}x_i^2,\overline{xy}=\dfrac{1}{n}\sum_{i=1}^{n}(x_iy_i)$,则(1-4-4)式为

$$\begin{cases}\bar{y}-a-b\bar{x}=0\\ \overline{xy}-a\bar{x}-b\,\overline{x^2}=0\end{cases} \tag{1-4-5}$$

$$a=\bar{y}-b\,\bar{x} \tag{1-4-6}$$

$$b=\frac{\bar{x}\cdot\bar{y}-\overline{xy}}{\bar{x}^2-\overline{x^2}} \tag{1-4-7}$$

如果实验是在已知 y 和 x 满足线性关系下进行的，那么用上述最小二乘法线性拟合（又称一元线性回归）可解得斜率 b 和截距 a，从而得出回归方程 $y=a+bx$。

如果实验是要通过对 x、y 的测量来寻找经验公式，则还应判断由上述一元线性拟合所确定的线性回归方程是否恰当。这可用下列相关系数 r 来判断：

$$r=\frac{\overline{xy}-\bar{x}\cdot\bar{y}}{\sqrt{(\overline{x^2}-\bar{x}^2)(\overline{y^2}-\bar{y}^2)}} \tag{1-4-8}$$

其中，$\bar{y}^2=\left(\frac{1}{n}\sum_{i=1}^{n}y_i\right)^2$，$\overline{y^2}=\frac{1}{n}\sum_{i=1}^{n}y_i^2$。

一般地，$|r|\leqslant 1$。如果 $|r|\to 1$，说明测量点紧密地接近拟合直线，用线性函数进行回归是合适的；如果 $|r|\to 0$，说明测量点离拟合直线较分散，应考虑用非线性拟合。

以灵敏电流计特性的测量实验为例，学会利用最小二乘法处理数据解决一元线性回归问题，实验数据记录于表 1－2，其中，$R_1=1\ \Omega$，$R_2=30\ 000\ \Omega$，$d=40$ div。

表 1－2　灵敏电流计特性实验数据

i	1	2	3	4	5	6	7	8	9	10
U/V	1.5	1.4	1.3	1.2	1.1	1.0	0.9	0.8	0.7	0.6
R/Ω	539	498	460	420	381	340	302	261	220	179

用线性回归法处理结果（用数据 R、U）：

理论上，$R=-(R_g+R_1)+\frac{S_I R_1}{R_2 d}U$，

设 $R=a+bU$，则 $a=-(R_g+R_1)$，$b=\frac{R_1 S_I}{R_2 d}$，通过表 1－2 的实验数据计算。

(1) 采用最小二乘法公式

利用式(1-4-6)、式(1-4-7)、式(1-4-8)分别计算截距、斜率、相关系数：

$$\overline{R}=\frac{1}{n}\sum_{i=1}^{n}R_i=\frac{3\,600}{10}=360,\overline{R}^2=\left(\frac{1}{n}\sum_{i=1}^{n}R_i\right)^2=360^2=129\,600,$$

$$\overline{U}^2=\left(\frac{1}{n}\sum_{i=1}^{n}U_i\right)^2=1.05^2=1.102\,5,$$

$$\overline{R^2}=\frac{1}{n}\sum_{i=1}^{n}R_i^2=\frac{1\,427\,052}{10}=142\,705.2,$$

$$\overline{UR}=\frac{1}{n}\sum_{i=1}^{n}(U_iR_i)=\frac{4\,108.8}{10}=410.88,$$

截距：$a=\overline{R}-b\overline{U}=360-398.54\times1.05=-58.467$，

斜率：$b=\dfrac{\overline{U}\cdot\overline{R}-\overline{UR}}{\overline{U}^2-\overline{U^2}}=\dfrac{1.05\times360-410.88}{1.1025-1.185}=\dfrac{-32.88}{-0.082\,5}=398.54$，

相关系数：

$$r=\frac{\overline{UR}-\overline{U}\cdot\overline{R}}{\sqrt{(\overline{U^2}-\overline{U}^2)(\overline{R^2}-\overline{R}^2)}}$$

$$=\frac{410.88-1.05\times360}{\sqrt{(1.185-1.102\,5)\times(142\,705.2-129\,600)}}=0.999\,96。$$

(2) 计算灵敏电流计的参数

内阻：$R_g=-(a+R_1)=-(-58.467+1)=57.467\ \Omega$，

电流灵敏度：$S_I=\dfrac{R_2db}{R_1}=\dfrac{30\,000\times40\times398.54}{1}=4.782\,48\times10^8\ \text{div/A}$。

三、逐差法处理数据举例

当两个变量之间存在线性关系，且自变量为等差级数变化的情况时，常采用逐差法对此类型的数据进行处理和分析。逐差法不像作图法拟合直线那样具有较大的随意性，且比最小二乘法计算简单而结果相近，在物理实验中是常用的数据处理方法。

以利用迈克耳逊干涉仪测量波长为例，学会利用逐差法处理实验数据，测量数据如表 1 - 3 所示，转动迈克耳逊干涉仪微动手轮，即可看到圆心处条纹“涌出”或“陷入”。从某位置开始，沿同一方向转动微动手轮，每“涌出”或“陷入”干涉条纹 100 次记录一次 M_1 位置坐标为 d_i，直到总数达到 1 000，用逐差法求出 He - Ne 激光的波长。

表 1-3　迈克耳逊干涉仪测波长实验数据

次数 i	改变环数 N	d_i(mm)	次数 i	改变环数 N	d_i(mm)
1	100	44.290 00	6	600	44.445 62
2	200	44.321 85	7	700	44.477 65
3	300	44.353 06	8	800	44.519 75
4	400	44.383 40	9	900	44.543 12
5	500	44.414 60	10	1000	44.574 70

若10组数据如果只是简单逐项相减，即：

$$\Delta d=\frac{1}{9}[(d_2-d_1)+(d_3-d_2)+\cdots+(d_{10}-d_9)]=\frac{1}{9}(d_{10}-d_1)$$

那么，实验数据除 d_1 和 d_{10} 外，其他中间测量值都未用上，但是若用多项间隔逐差，即将上述数据分成前后两组，分别为 d_1、d_2、d_3、d_4、d_5 和 d_6、d_7、d_8、d_9、d_{10}，然后对应项相减求平均，即

$$\Delta d=\frac{1}{5}[(d_6-d_1)+(d_7-d_2)+(d_8-d_3)+(d_9-d_4)+(d_{10}-d_5)]$$

$$\overline{\Delta d}=\frac{\Delta d_1+\Delta d_2+\Delta d_3+\Delta d_4+\Delta d_5}{5}$$

$$=\frac{0.155\,62+0.155\,80+0.166\,69+0.159\,72+0.160\,10}{5}$$

$$=0.159\,586\ (\text{mm})$$

$$\bar{\lambda}=\frac{2\times\overline{\Delta d}}{\Delta N}(\text{nm})=\frac{2\times 0.159\,586}{500}(\text{mm})=638.34(\text{nm})$$

可以看出，在求某一物理量的算术平均值时，要用隔项逐差，不用逐项逐差，否则只有首位两项数据起作用，中间数据会相互消去而白白浪费，全部测量数据均用上，保持了多次测量的优点，减少了随机误差。

在验证函数表达式的形式时，要用逐项逐差，不用隔项逐差，这些可以检验每个数据点之间的变化是不是符合规律。

采用合适的逐差项处理数据一定程度上可提高计算准确率，计算简便，特别是在检查具有线性关系的数据时，可随时“逐差验证”，及时发现数据规律或错误数据。

1.5 计算机辅助处理实验数据方法

实验结果分析是普通物理设计性实验的重要组成部分，而数据处理是对实验结果分析的重要方法，实验数据处理方法的选择直接影响实验结果。对于大量的实验数据以及一些复杂的公式计算，如果只是简单利用计算器计算数据、用坐标纸手工作图、拟合直线这样的传统数据处理方法，存在效率低、误差较大等问题。如何提高实验的效率和准确率，把学生从繁琐重复的低级劳动中解放出来，使学生有更多的时间用于实验设计、实验实施过程等，选择高效合理的数据处理方法非常重要。一般地，常常利用计算机软件，比如 Origin 软件、Matlab 软件、Python 软件等辅助处理实验数据，从而提高实验效率、减少中间环节计算错误、提高实验效率。

一、利用 Origin 软件处理实验数据

Origin 是美国 OriginLab 公司(前身为 Microcal 公司)开发的图形可视化和数据分析软件，Origin 软件有不同版本，功能大多一样。

Origin 在物理实验中主要用于科学绘图和数据分析，例 1－1 为利用 Origin8.0 作图和线性拟合应用举例。

【例 1－1】 已知某实验中测得的某液体的浓度及对应的折射率数据表如表 1－4 所示，请利用 Origin 软件作出其曲线图像，并给出其回归方程并分析数据的特点。

表 1－4 液体浓度与其折射率实验数据表

X/%	0	5	10	15	20	25	30
Y	1.333 8	1.341 4	1.348 8	1.354 1	1.362 3	1.370 6	1.376 1

(1) 打开 Origin 8 软件,进入操作界面,如图 1-3 所示。

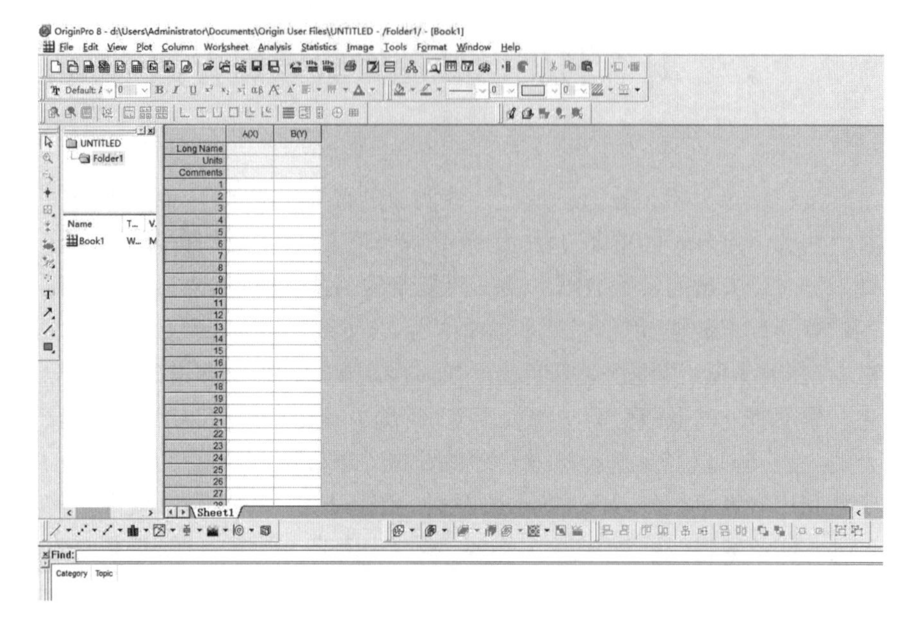

图 1-3 Origin 8 界面

(2) 在默认名为 Book1 的 Sheet 1 中输入数据,如图 1-4 所示,数据可手工输入,也可以利用“Import”输入文件中的数据,同时支持直接数据粘贴等。一般地,用 excel 输入实验原始数据,进行简单的数据处理后再复制、粘贴或导入到 Origin 里面,对数据的初步处理一定程度上用 excel 更方便一点。

	A(X)	B(Y)
Long Name		
Units		
Comments		
1	0	1.3338
2	5	1.3414
3	10	1.3488
4	15	1.3541
5	20	1.3623
6	25	1.3706
7	30	1.3761

图 1-4 录入数据

Origin 8 数据栏通常默认为 A、B 两栏,一般来说数据 A 栏即第一列数据,默认为自变量 X,B 列的数据默认为因变量 Y。如需增加数据栏,可将鼠标放在该窗口空白处上点击右键,在弹出的窗口中选择“Add New Column”即可增加一行或通过点击图标增加数据栏,增加的数据栏默认为因变量 Y。如果想要改变,先选择该列，后右击，单击“set as”，从中可以选择你想要的类型，如 X，Y，Z 等。

(3) 绘制散点图

Plot 主要用于绘图功能操作，Plot 有直线、散点、直线加散点、条形图、柱形图等二维绘图功能，三维绘图，统计图，面积图等不同类型的绘图选项。

选中要作图的数据即 book1 中 $B(Y)$ 列（A 列默认为 X），或同时选中 $A(X)$ 和 $B(Y)$ 列数据，点击界面顶部菜单中点击“Plot”，在下拉菜单中选择“Scatter”类型绘制散点图，如图 1－5 所示，也可直接采用点击快捷图标中 中 ，即可弹出散点图的界面，如图 1－6 所示。进行线性拟合的时候不要选择“line”，因为不但不呈现数据点，（少量数据时，数据点必须呈现），还会绘制出不需要的折线；也不要选“line＋Symbol”，这也会绘制出折线。

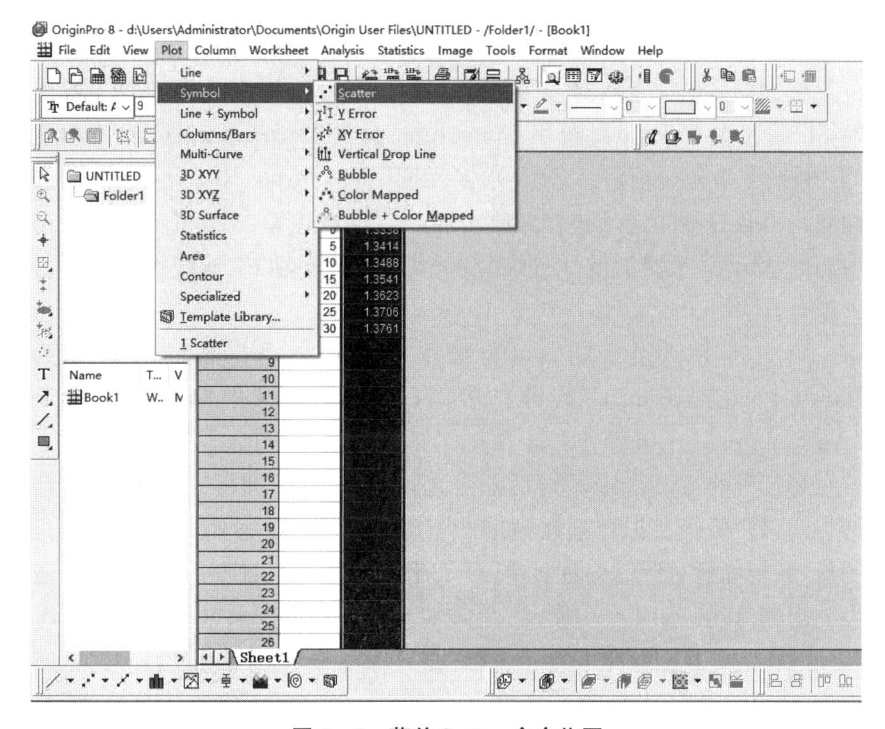

图 1－5 菜单 Scatter 命令作图

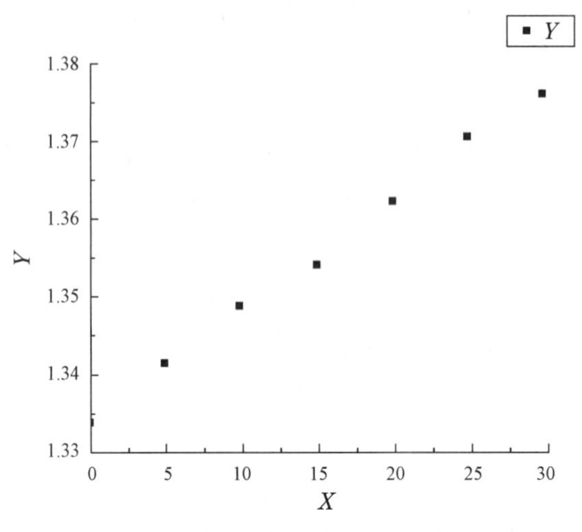

图 1-6　X 与 Y 的 Scatter 图

(4) 线性拟合

菜单栏中“Analysis”主要用于数据分析，对工作表窗口“Analysis”下拉菜单有提取工作表数据，行列统计，排序，数字信号处理(快速傅里叶变换 FFT、相关 Corelate、卷积 Convolute、解卷 Deconvolute)，统计功能(T-检验)、方差分析(ANOAV)、多元回归(Multiple Regression)，非线性曲线拟合等不同选项进行数据分析。对绘图窗口：“Analysis”下拉选项有数学运算，平滑滤波，图形变换，FFT，线性多项式、非线性曲线等各种拟合方法。

图 1-6 中，X 与 Y 的 Scatter 图在 Origin 8 操作界面上名称默认为“Graph1”，在“Graph1”的窗口中，在顶部菜单栏中单击菜单命令“Analysis”→“Fitting”→“Fit Linear ”→“Open Dialog”，图 1-7 所示。

在打开的“Fit Linear”对话框上直接单击“OK”即可完成线性拟合，并得到拟合曲线及拟合方程，如图 1-8 所示。更改坐标轴名称(必须指明横、纵坐标所对应的变量及单位)及调整刻度范围(使所做图形以最适当的比例呈现)，如 1-9 所示。单击菜单命令“Edit”→“Copy Page”，将该图保存或将其复制至 Word 文档(亦可保存编辑，比较常用)。拟合方程为 $n=0.0014C+1.334$，其相关系数为 $r=0.99712$，有时用 r^2 表示，该值最大等于 1，小于 1 的前提下，相关系数越大表示线性关系越好。

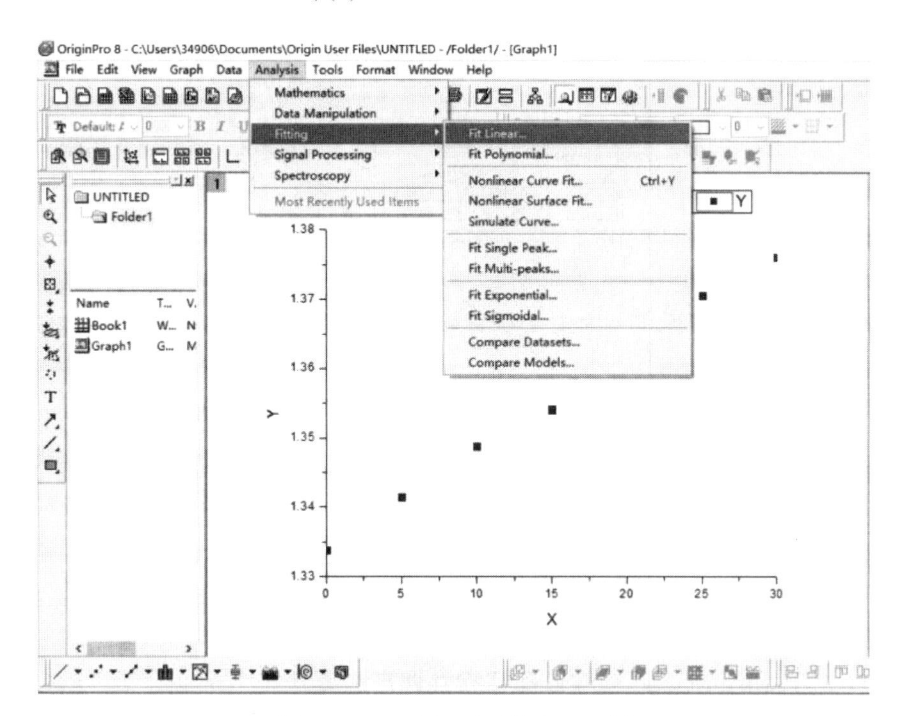

图 1-7　*A*(*X*)与 *B*(*Y*)的 Scatter 图

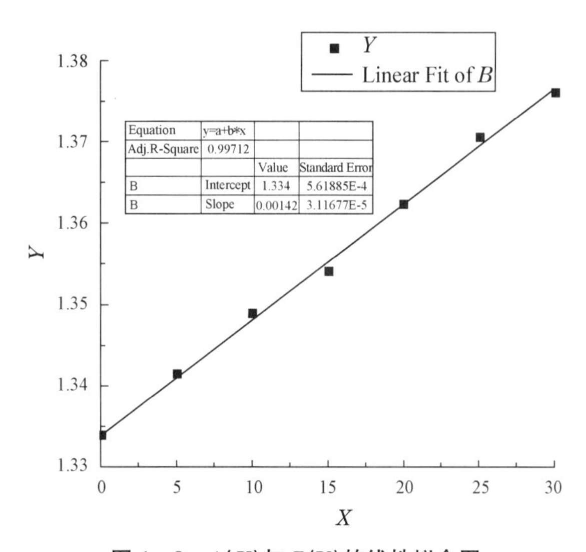

图 1-8　*A*(*X*)与 *B*(*Y*)的线性拟合图

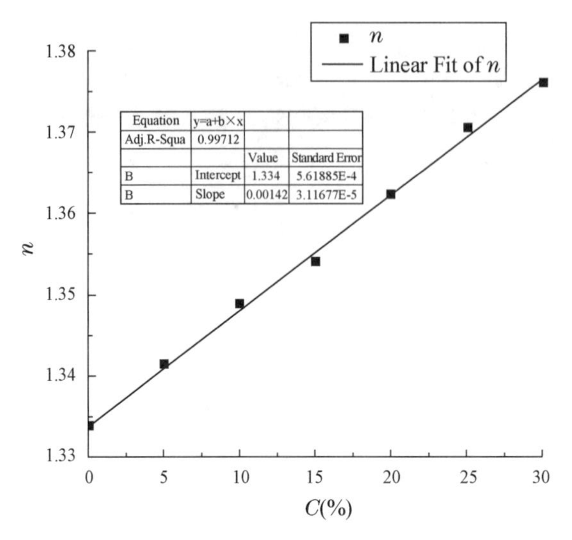

图 1-9　浓度 *C* 与折射率 *n* 的线性拟合

二、利用 Matlab 软件处理实验数据方法简介

Matlab 是美国 MathWorks 公司出品的商业数学软件，由于界面友好、语言自然、开放性强、数值计算及符号计算高效、图形处理功能完备、应用工具箱功能丰富(如信号处理工具箱、通信工具箱) 等特点，成为应用计算机辅助分析、作图、设计、仿真及教学不可缺少的基础软件，常应用于数学、物理、信号与系统、电子线路、自动控制和分析化学等教学中，对于物理实验，利用 Matlab 软件编程可视化作图和高效处理实验数据。

Matlab 命令的执行方式主要有两种，一种是交互式的命令执行方式，用户在命令窗口逐条输入命令，Matlab 逐条执行，这种方式操作简单直观，但速度慢，中间过程无法保留，这种方式适应于命令比较简单且处理的问题没有普遍应用性的数据处理；一种是 M 命令文件的程序设计方式，将有关命令编成程序存储在一个文件(扩展名为. m)中，语法比一般的高级语言都要简单，程序容易调试，交互性强，Matlab 自动依次执行，可以像一般文本文件进行编辑、存储、修改和读取，是实际应用中主要的执行方式。

学习 Matlab 使用方法和编程技巧，科学合理地应用于物理，对复杂的数据处理简单化、可视化、精确化，对实验数据的解方程、积分、微分、作图、动画等科学处理辅助实验，科学处理数据、提高实验效率、精确度。以表1-4液体浓度与其折射率实验数据表为例，用Matlab通过编程、拟合命令得到液体浓度与其折射率的关系，如图1-10所示，拟合方程为$n=0.0014C+1.334$，其相关系数为$r=0.9976$。

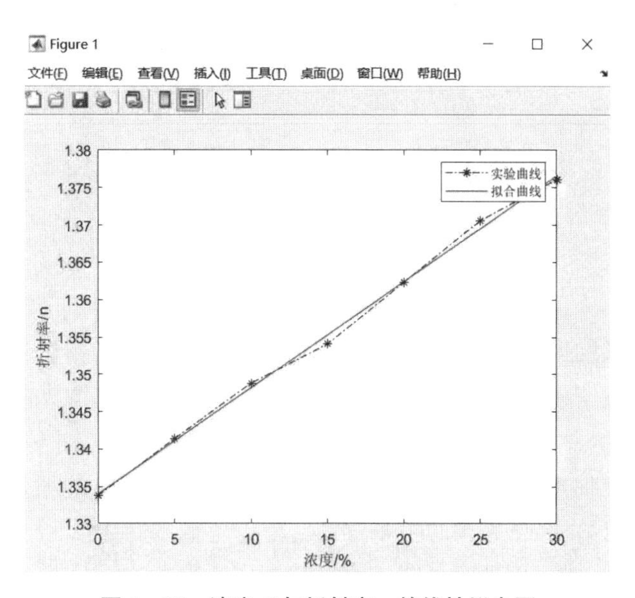

图1-10　浓度C与折射率n的线性拟合图

主要程序段如下：

```
x=[0 5 10 15 20 25 30];
y=[1.3338 1.3414 1.3488 1.3541 1.3623 1.3706 1.3761];
p=polyfit(x,y,1);
x1=[0:0.01:30];
y1=polyval(p,x1);
plot(x,y,'*-.b',x1,y1,'-r');
legend('实验曲线','拟合曲线');
xlabel('浓度/%');
ylabel('折射率/n');
regstats(y,x);
```

第2篇

普通物理设计性实验项目

实验2.1　全息光栅的制作及其光栅常数的测定

光栅又称为衍射光栅，是一种重要的分光元件。光栅在光计算机技术及光纤通信系统中被用作分光元件或耦合元件，某些激光器利用它来做选频元件，并且它还广泛应用于高科技产品，例如VCD、DVD、汽车等。

根据制备光栅的方法，光栅主要分为机刻光栅、复制光栅及全息光栅三类。在以前，制备光栅的主要方式是复制光栅，先利用刻线机器刻划出一个母光栅，然后再进行复制。而当前制作光栅的方式主要是机制光栅与全息光栅这两种。机制光栅是利用更精确的刻划机器在金属片上或玻璃上刻出等距且平行的划痕而成；而全息光栅则将两束相干光叠加产生的干涉条纹，利用激光全息照相术将其拍摄在感光玻璃片上制成的，其具有制作成本较低、周期短、效率高、尺寸可控等优点，全息光栅的制作研究具有一定的应用价值和实际意义。

本实验着重介绍全息光栅的制作及其光栅常数的测定。

一、实验要求

1. 设计一种制作全息光栅的光路并改变相关参数得到不少于两种参数下的全息光栅。

2. 分析不同参数下的全息光栅特点并测出其光栅常数。

3. 了解二维光栅的制作方法。

4. 通过实验，撰写一篇关于全息光栅的论文。

二、实验原理

全息光栅的制作一般以两束相干光波叠加形成干涉条纹而设计光路的，按干涉光产生机理来分，主要有“分振幅法”和“分波面法”。当前，光路的设计主要有杨氏双缝干涉法、阿贝成像原理法、马赫一曾德尔干涉法、菲涅尔双面镜法等。

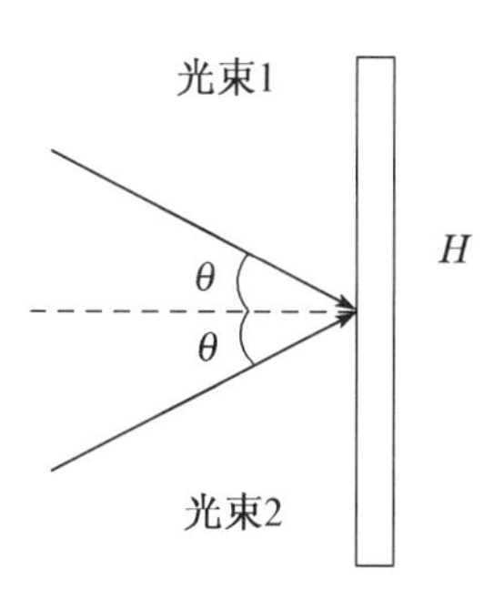

图 2-1-1　两束相干光干涉光路示意图

全息光栅的制作原理如简易示意图 2-1-1 所示，在对称光路布置下，光束 1 和光束 2 即两束相干光在全息干板 H 处相遇，其重叠区会产生等间距直线干涉条纹，干板经曝光、显影、定影、烘干等处理后，可得到一维全息光栅，其等间距周期结构即光栅常数由式(2-1-1)决定，即光栅方程

$$d\sin\theta=k\lambda \tag{2-1-1}$$

式中：d 为光栅常数；2θ 是两束相干光波之间的夹角；λ 为激光波长。

光栅常数倒数为光栅的空间频率，满足

$$f=\frac{1}{d} \tag{2-1-2}$$

通过改变两束相干光波之间的夹角 2θ，可控获取不同间距(即 d 的大小)的光栅，当 θ 增大时，光栅常数 d 减小、频率 f 增大；当 θ 减小时，光栅常数 d 增大、频率 f 减小。改变两平面光波间的夹角即可制作频率或光栅常数可控的一维全息光栅。如图 2-1-2 所示，旋转全息干板，以此改变 θ，从而获取二维光栅。

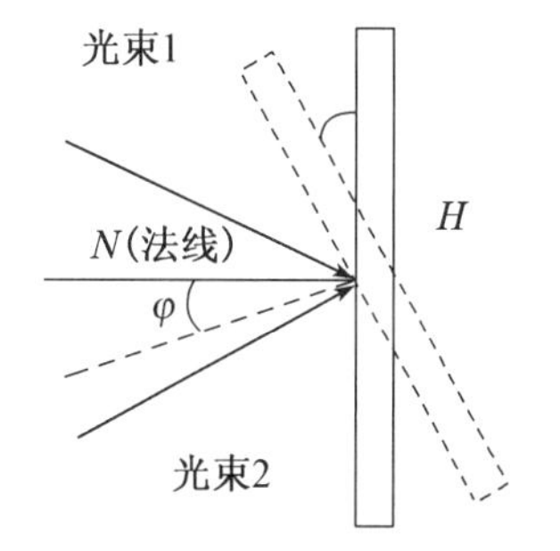

图 2-1-2　全息干板旋转示意图

三、基于马赫-曾德尔分振幅干涉法制作全息光栅举例

以下以马赫-曾德尔干涉法为例，介绍全息光栅的制作及其光栅常数测定的要点。

1. 实验原理

马赫-曾德尔干涉法是呈四边形光路分布的方法，设计光路如图2-1-3所示。氦氖激光器发出的激光经扩束镜 L_1 准直透镜 L_2 发出平行光，经分束镜 L_3 后一分为二，分别被平面镜 M_1 和 M_2 反射后，又重新聚集于分束镜 L_4，经分束镜 L_4 分别反射和反射又分成两束相干激光，并在全息干板 H 上叠加，从而形成明暗相间、等距的干涉条纹。该周期结构通过在全息干板曝光、冲洗并呈现于干板，即通过全息拍照制得一维全息光栅，则满足光栅方程(2-1-3)式，即

$$d\sin\theta=k\lambda \quad (k=0,\pm1,\pm2,\pm3\cdots) \tag{2-1-3}$$

式中：d 为干涉条纹的间距即光栅常数；2θ 是两束相干光波之间的夹角；λ 为激光波长。光栅常数倒数为光栅的空间频率，满足

$$f=\frac{1}{d} \tag{2-1-4}$$

若曝光一次后将全息干板水平地旋转 90°之后再进行一次曝光，才用冲洗设备将其洗出，制得的即为二维全息光栅。

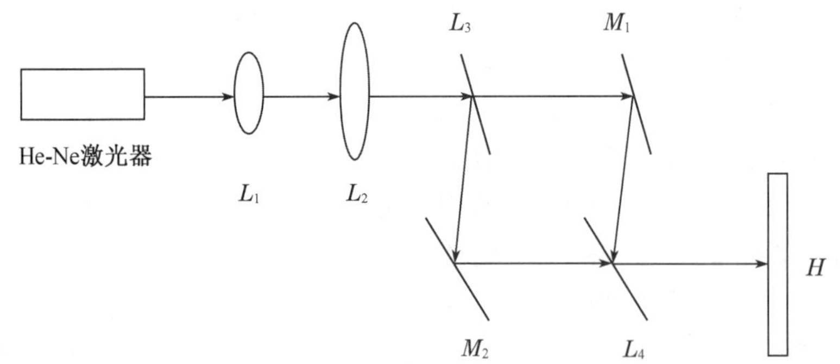

图 2-1-3　马赫-曾德尔干涉光路原理图

L_1—扩束镜；L_2—准直透镜；L_3—分束镜；L_4—分束镜；

M_1—全反镜；M_2—全反镜；H—全息干板

2. 实验设计构思

由于光栅常数的大小直接关系到光栅的分辨本领，因此制备不同尺寸的全息光栅具有一定的实验价值和意义。本例旨在利用马赫-曾德尔干涉法可控制得不同尺寸即不同光栅常数的全息光栅。一般地，通过改变两束相干激光光束之间的夹角 2θ 是制得不同尺寸大小的重要方法，因此，光路中通过改变分束镜 L_4 方位角 ψ 的大小，从而改变两束相干光波之间的夹角 2θ。实验中，设计布置分束镜 L_4 方位角 ψ 分别等于 45°左右时，小于 45°左右时，大于 45°时三种不同参数下，通过全息拍照、曝光和显影、定影处理全息干板后即制备不同参数下的全息光栅。

如果要鉴别制作出来的光栅的好坏，可以通过观察其衍射图样，测量光栅的光栅常数来作一定的判断。测光栅常数的常用方法很多，例如扩束镜放大成像法、激光光栅衍射法、分光计测定法、凸透镜放大成像法、白光测定法等。

本例采用激光光栅衍射法观察不同参数下的光栅衍射图样，如图 2-1-4 所示，利用激光光栅衍射法测量光栅常数即通过氦氖激光垂直照射不同参数下的全息光栅样品，在全息光栅后的成像屏即可观察到其衍射图样。因全息光栅到白屏的距离远大于其光栅常数，此时的衍射图样为频谱，亦是夫琅和费衍射图样。为了精确测量全息光栅的大小以及观察全息光栅表面形貌，利用金相显微镜拍照测量不同参数下的光栅大小。

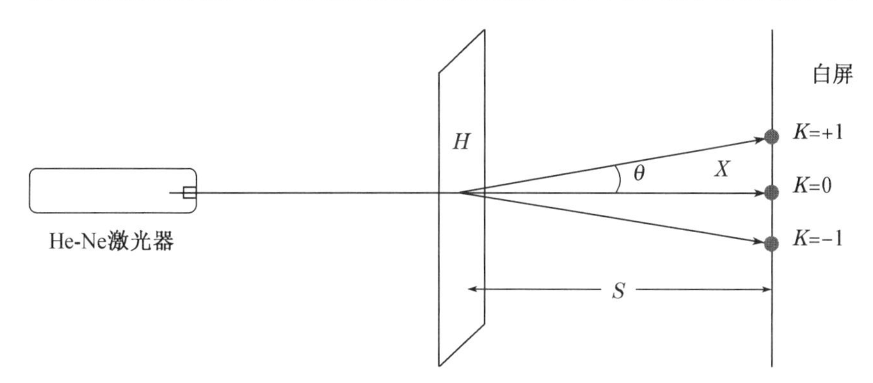

图 2-1-4　激光光栅衍射方法测量光栅衍射图

3. 实验实施

(1) 实验仪器准备

光学平台、氦氖激光器、扩束镜、准直透镜、分束镜(两个)、全反镜(两个)、全息干板、干板支架、白屏、冲洗设备一套(清水、显影液、定影液、吹风机)、磁性光具底座若干等。

(2) 马赫-曾德尔干涉光路搭建

按设计的干涉光路图 2-1-3 布置仪器,调整仪器,在对称光路下将两束干涉光尽量等大等高重叠。

(3) 拍摄全息光栅

在暗室准备大小合适的全息干板,将其放置在两束光的叠加位置曝光,曝光时间和显影、定影时间选择参考:曝光时间一般为 10～30 s 之间,显影时间 60 s 左右,定影时间 5 min 左右,时间的合适选择是拍摄全息光栅成功与否的重要因素,需要综合考虑,不断尝试。

(4) 改变两束相干光的夹角,重复以上布置,制作不同参数下的全息光栅改变马赫-曾德尔干涉光路中分束镜 L_4 的方位角 ψ,以改变两束准直光之间的夹角,从而改变光栅的光栅常数。

(5) 激光光栅衍射法和金相显微镜观测不同参数下的全息光栅。

4. 实验结果分析

利用激光光栅衍射法观察其衍射图样,如果其频谱上出现了 0 级与 ±1 级这 3 个亮点,则说明此光栅是正弦型的,如图 2-1-5(a)所示;如果其频谱上出现 0 级,±1 级,±2 级,±3 级等多级亮点,则说明此光栅是非正弦型的,当亮点很多时,就表明该光栅接近矩形光栅,如图 2-1-5(b)所示。

采用金相显微镜获取制得的全息光栅金相显微形貌,如图 2-1-6 所示,光栅条纹间距均匀,1#、2#为明暗相间的干涉条纹即一维光栅,光栅常数可快速精确测出,1#光栅常数大小为 95.758 μm,2#光栅常数大小为 26.957 μm。

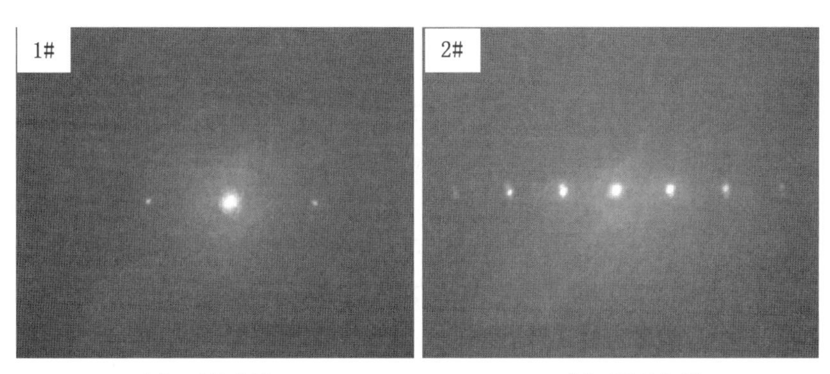

(a) 正弦光栅　　(b) 矩形光栅

图 2-1-5　激光光栅衍射方法测量光栅衍射图

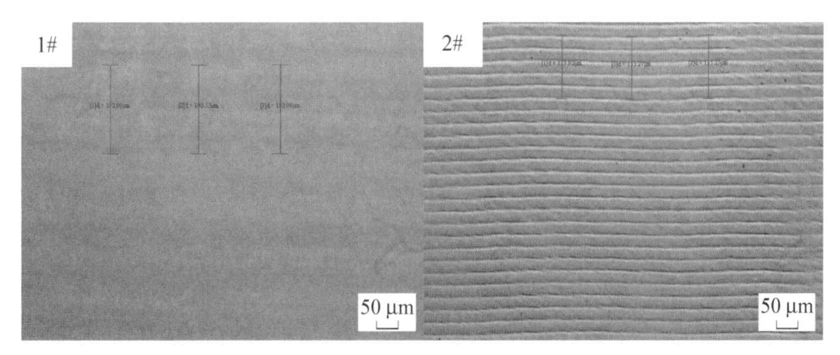

(a) d=95.758 μm　　(b) d=26.957 μm

图 2-1-6　光栅全息金相图

四、基于马赫-曾德尔分振幅干涉法全息拍照设计举例的启发

基于马赫-曾德尔分振幅干涉法制作设计中的启发:第一是设计自组装装置并搭建两束相干光波叠加光路,改变实验参数,比如改变两束相干光的角度,分析不同参数下全息光栅的特点;第二是拍摄全息光栅可利用现代科学测试手段表征全息光栅特点并测量全息光栅参数。

此外,本例只探究了一维全息光栅的制作,还可拓展研究二维全息光栅或复杂光栅。和制作一维全息光栅的方法一样,在相同光路的布置下,采用二次曝光的方法制作二维光栅,在暗室中,放置全息干板,静置一会后曝光一次,挡住激光器将全息干板水平地旋转 90°后再曝光一次,随后取下全息干板进行显影、水洗、定影、水洗、吹干等处理，就能得到了二维全息光栅。

本例采用的是全息照相刻划法制作光栅，利用其他方法设计制作光栅亦可，比如光栅复制法，同学们可通过查阅资料，思考如何用复制的方法制作光栅。在实际生活中，我们常用的光盘上存储信息是通过压制在光盘上的细小坑点来实现的，并通过这些不同的时间长度的小坑和坑之间的平台形成的由内向外分布的螺旋光道。对于信息坑呈螺旋形轨迹分布的光盘来说，由于在径向的光道间隔和光栅的光栅常量量级相当，在垂直于径向的方向的信息坑和坑间的平台也近似等效于光栅结构，可利用成本较低的 CD 或 DVD 光盘作为母光栅并复制新的光栅。

实验 2.2　物体折射率的测量

折射率是描述物质光学性质的一个重要参数，折射率的测量在食品、医药、化工生产、石油工业等诸多方面的应用意义较为重大。

利用最小偏向角法测量三棱镜的折射率是普通物理实验的重要项目之一，同时折射率的实验以及相关内容是中学物理的教学重点内容。作为一名师范类的应用型本科人才，本实验旨在自行设计一种简易测量物体折射率的实验方法或实验仪，可高效精确测量物体折射率，同时便于中学物理演示教学。

一、实验要求

1. 了解测量折射率的常见方法。
2. 设计一种简易测量物体折射率的方法或实验仪。
3. 通过实验，撰写一篇用于测量物体折射率的实验仪或实验方法设计的论文。

二、实验方法简介

传统的折射率测量及设计通常采用几何光学法和波动光学法来进行。

1. 几何光学法测量物体折射率

几何光学法即根据光的几何特性对物体的折射率进行测量，例如利用最小偏向角法测量三棱镜的折射率，主要是根据光的折射定律或全反射进行测量或设计，对相关的一些角度进行测量后，计算出待测物折射率。如图 2-2-1 所示，光线从空气斜入射到其他不同介质界面时，如固体或液体，光线发生偏折，入射角和折射角分别用 i 和 r 表示，利用入射角和折射角满足的几何光学基本定律，即光的折射定律，得到

$$n_0 \sin i = n_x \sin r \tag{2-2-1}$$

又因为空气的折射率约为 1,则

$$n_x = \frac{\sin i}{\sin r} \tag{2-2-2}$$

利用几何光学法测量物体折射率,只要测量出光通过物体的入射角和折射角,即可求出待测物的折射率。

对于一定厚度的待测物体,一般将固体样品加工成规则形状(如柱形、正方体、两面平行的薄片等),对于液体要注意样品选用规则形状的容器。如图 2-2-2 所示,基于光的折射,单色光经规则形状待测物后发生侧移,但传播方向不变,测量出透射光的偏移距离或角度,从而计算出其折射率。

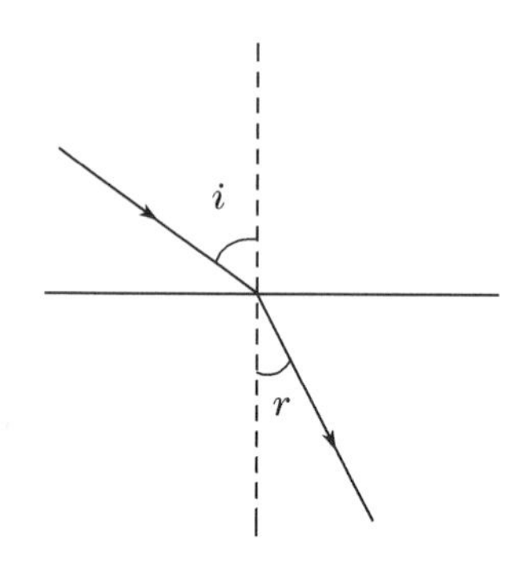

图 2-2-1　光的折射原理图

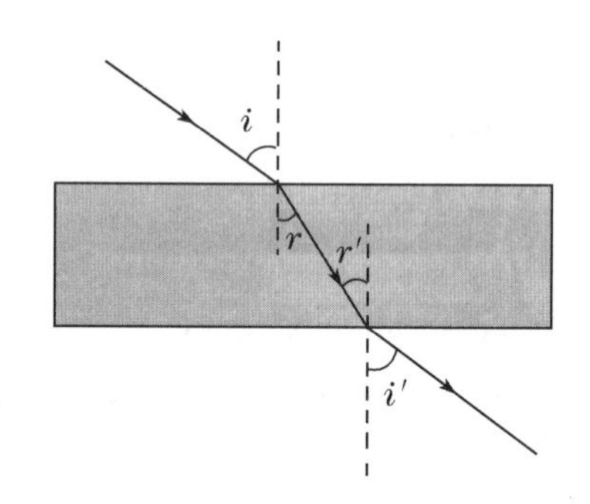

图 2-2-2　有一定厚度的待测物折射现象

光由一种介质射到另一种介质时,光线不发生折射,而全部返回到原介质中继续传播的现象叫全反射现象。全反射法是通过光的全反射特性来测量样品折射率,一般利用一个棱镜或其他已知折射率的介质,与被测样品构成一个分界面,利用光的全反射特性从而测得待测物折射率。如图 2-2-3 所示,当光从某种介质射向空气时,使折射角变为 90°时的入射角,称作这种介质的临界角,用 θ_c 表示临界角,根据光的折射定律,可得

$$n_x \sin \theta_c = n_0 \sin i \tag{2-2-3}$$

则待测物的折射率为

$$n_x = \frac{1}{\sin \theta_c} \tag{2-2-4}$$

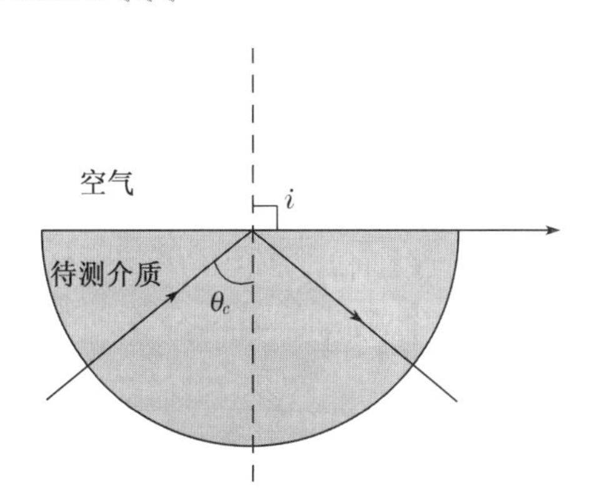

图 2-2-3　全反射法测量介质折射率原理图

2. 波动光学法测量物体折射率

波动光学法主要是按照光的干涉、偏振规律等，基于对一些相关的干涉条纹之间的距离和条纹的变化进行测量，比如利用等厚干涉即牛顿环测量液体折射率，利用迈克尔逊干涉仪测量玻片折射率，或者是对布鲁斯特角进行测量，从而测出待测物折射率。

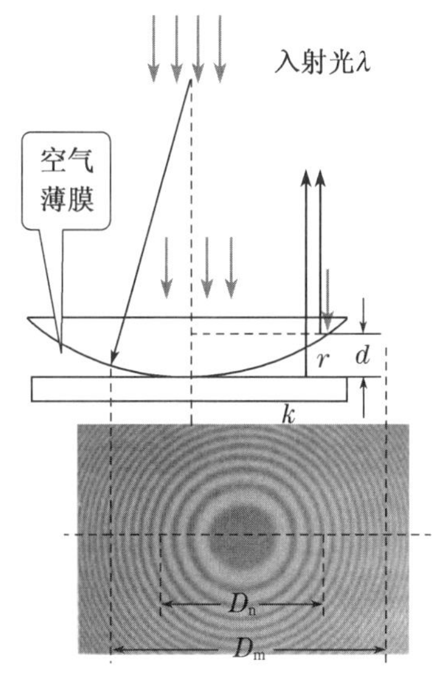

图 2-2-4　等厚干涉法测量介质折射率原理图

对于等厚干涉即牛顿环测量液体折射率，如图 2-2-4 所示，牛顿环装置即在平板玻璃放置一平凸透镜的组合(凸面与平板玻璃接触)，当凸球面和玻璃平板之间为空气时，单色光垂直照射牛顿环装置入射光在空气层的上下表面反射，从空气膜上、下表面反射的两束光相互叠加并产生干涉，由于空气薄膜层逐渐增厚，故出现以接触点为中心的一组同心且明暗相间的圆环，即牛顿环(等厚干涉现象)。利用等厚干涉测量牛顿环的曲率半径是普通物理实验的必做项目之一，其满足公式

$$R=\frac{D_{m}^{2}-D_{n}^{2}}{4(m-n)\lambda} \tag{2-2-5}$$

式中:R、D_m、D_n 分别为牛顿环的曲率半径、第 m 级暗环的直径、第 n 级暗环的直径。

若平凸透镜与平板玻璃之间的介质均匀充入液体时

$$R=\frac{n(D'^{2}_{m}-D'^{2}_{n})}{4(m-n)\lambda} \tag{2-2-6}$$

式中:n、D'_m、D'_n分别为液体的折射率、牛顿环充入液体后第 m 级暗环的直径、第 n 级暗环的直径。

结合式(2-2-5)和(2-2-6),可得液体的折射率公式为

$$n=\frac{D_{m}^{2}-D_{n}^{2}}{D'^{2}_{m}-D'^{2}_{n}} \tag{2-2-7}$$

因此,只需测出空气和液体介质对应形成的牛顿环第 m、n 级的暗环直径,即可求出待测液体的折射率。

利用布鲁斯特定律测量物体折射率是基于光的特性,当自然光在两种各向同性介质的分界面上反射和折射时,不但光的传播方向要发生变化,而且光的偏振状态也会发生改变,所以反射光和折射光都是部分偏振光。在一般情况下,反射光是以垂直于入射面的光振动为主的部分偏振光,折射光是以平行于入射面的光振动为主的部分偏振光,如图 2-2-5 所示。

反射光的偏振化程度与入射角有关,如图 2-2-6 所示,若光从折射率为 n_1 的介质射向折射率为 n_2 的介质,当入射角满足

$$\tan i_0=\frac{n_2}{n_1} \tag{2-2-8}$$

反射光中就只有垂直于入射面的光振动,而没有平行于入射面的光振动,这时反射光为线偏振光,而折射光仍为部分偏振光,这就是布鲁斯特定律。其中 i_0 叫作起偏角或布鲁斯特角。若 n_1 介质已知为空气,即当自然光从空气入射到折射率为 n_2 的介质表面时,则

$$n_2=\tan i_0 \tag{2-2-9}$$

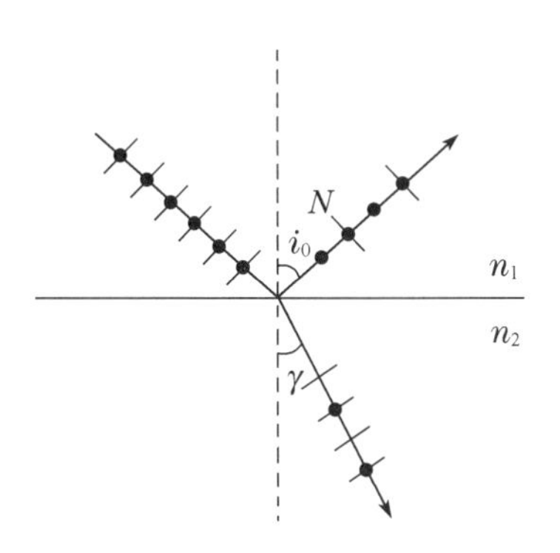

图 2-2-5　自然光反射和折射后产生部分偏振光

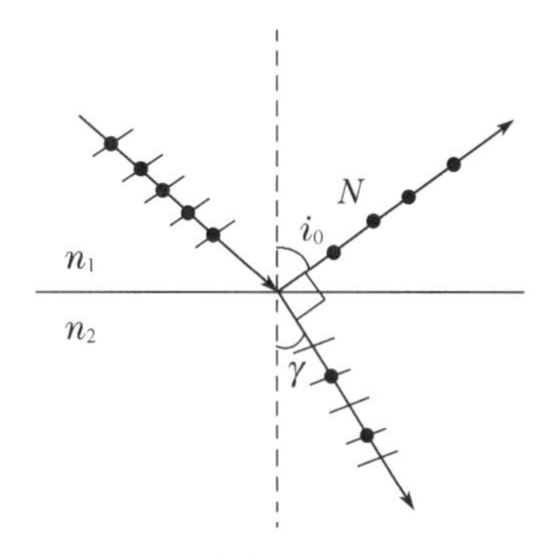

图 2-2-6　布鲁斯特定律测介质折射率原理图

三、一种基于光的折射和手机测距 APP 测量物体折射率的实验仪的设计举例

1. 设计构思

本方案构思是制作一种可快速精确测量物体折射率和折射现象演示的实验仪，设计的思路是基于几何光学法。受分光计的启发，运用共轴转动原理以及转换法的思想，综合手机传感器测距快速准确的创新元素，根据光的折射原理，将光的入射角和折射角的测量巧妙地转换为利用共轴转动平台直读旋转角以及利用手机传感器智能快速测距离，从而测得物体的折射率。

为了实现以上功能，设计如图 2-2-7 所示，实验仪由以下部分组装而成：

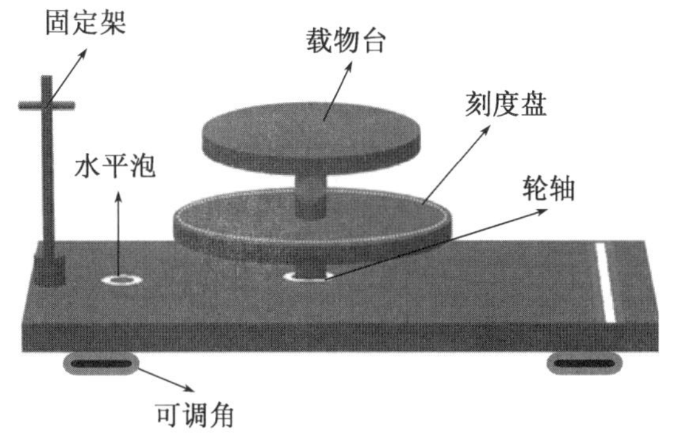

图 2-2-7　实验仪器结构示意图

（1）共轴转动系统：两层共轴平台，上层为载物台，下层直读刻度盘，利用共轴转动，上下平台旋转角度相同的特点，将载物台透明介质的入射角巧妙地通过下层刻度盘准确直读。

（2）底座：为了集成化共轴转动系统，利用生活中常用的木板平板作为支撑底座，为了平台水平，内置水平泡调平装置，由底座底部四颗螺钉调节。

（3）发射光系统：发射光系统为高度和方向可调节，位置可移动的激光笔固定架。

（4）接收屏：在底座上方靠近边上做平行于边的卡槽，放置轻薄的木板作为接收屏，为了准确观察折射光位置，可在木板上贴上坐标纸。

将以上部分自组装成实验仪，如图 2-2-8 所示。在置物台中心部位放置手机，待测物置于手机上方，打开手机测距 APP 可测量入射光线通过待测物的距离。

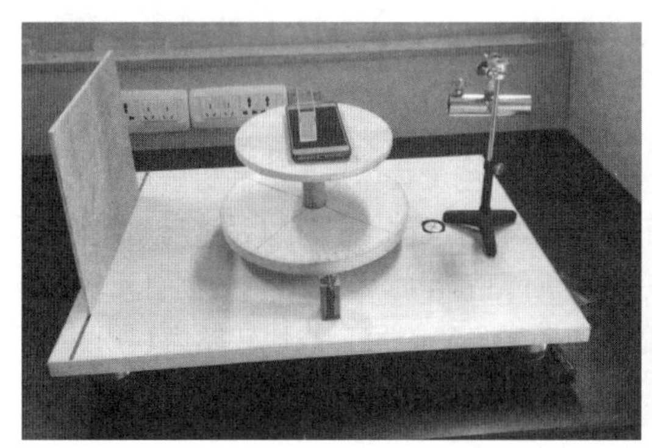

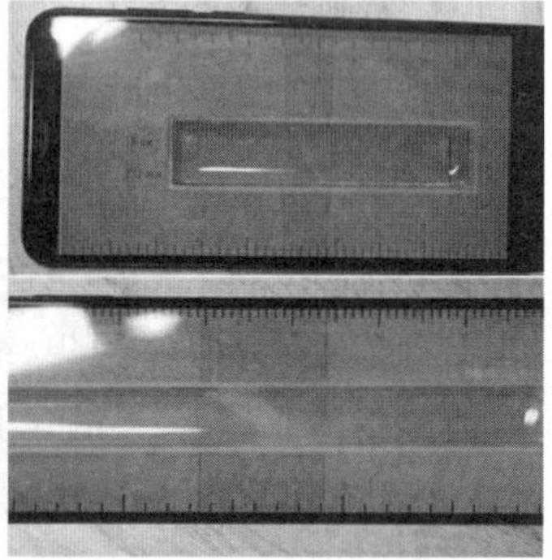

图 2-2-8　实验仪器实物图

2. 实验原理

对于待测物为规则固体（如玻璃砖）折射率的测定，在实验仪载物台放置固体介质，光路如图 2-2-9 所示，载物台转动之前让入射光垂直照射在待测物上，则转动载物台之后入射光线的法线刚好与转动前的入射光平行，利用自制实验仪共轴转动的特点，转动平台的旋转角度（$\Delta\theta$）和入射角（i）大小相同，再利用手机测距 APP 即时测量出入射光线和出射光线之间的距离 d，h 为待测固体介质的厚度，$n_0=1$（空气的折射率），待测

物体折射率 n_x，由几何关系和折射定律，推导得到

$$n_x = \sin\Delta\theta \frac{\sqrt{(d^2+h^2)}}{d} \tag{2-2-10}$$

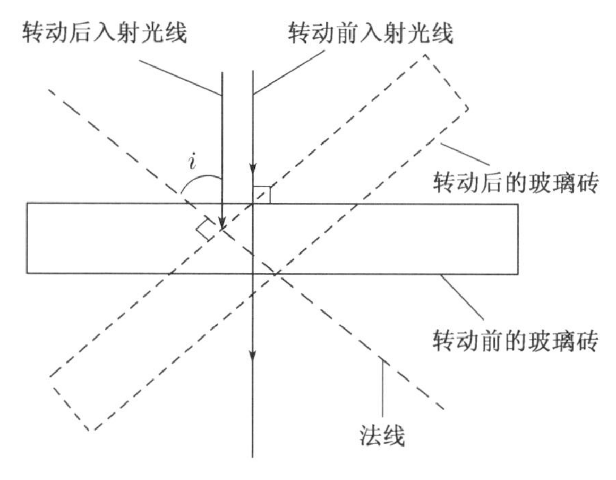

图 2-2-9　入射角测量原理

对于液体折射率的测定，则可用方形容器盛装待测液体，方形容器的玻璃壁相当于平行平板，不改变光的传播方向，即不会改变光线与待测液体界面的夹角，同样地，推导出待测液体折射率（n_x）仍然满足公式(2-2-10)。

3. 实验实施

(1) 利用实验仪演示折射现象

通过点燃檀香（或利用家用空气加湿器喷出的水雾）观察光线经过固体介质或溶液介质的折射现象。

(2) 利用自制实验仪测量玻璃砖和去离子水的折射率

调节激光笔固定架让入射激光与物体垂直，读出此时的刻度盘读数并记录，接着转动载物台，再读出刻度盘读数并记录。此时在物体两侧可以形象地看到两个清晰的光点（透明固体及液体无法看到清晰的光路），同时利用智能手机测距 APP 测出两点间的距离，即入射光线和出射光线之间的距离 d。物体厚度 h 用游标卡尺测出，通过公式(2-2-10)得到介质的折射率。

4. 分析实验结果，得出结论，撰写论文

对实验结果进行不确定度分析，并以数据结果为支撑，探究实验仪演示光的折射现象以及测量折射率的科学可行性、应用价值等。撰写论文时，主要阐述测量折射率的实验仪背景和意义、自组装设计方法、设计原理、实验测量、数据结果分析、得出结论等环节，重点突出该设计的巧妙、创新，实验操作的方便形象，实验结果的精确可靠等。

四、一种基于光的折射和 Python 软件测量折射率的新方法设计举例

1. 设计构思

大学物理传统实验一般用最小偏向角法测量物体折射率，对于液体的测量，一般设计制作空心三棱镜作为液体槽，连同液体放置于载物台，通过最小偏向法测出液体折射率。通常最小偏向角的位置较难判断，存在一定随机性和误差，因此构思更换液体槽，完全避开确定最小偏向角。利用分光计作为测量系统，将盛放液体的梯形槽置于分光计载物台，推导出光通过梯形液体槽满足的折射率公式，并利用 Python 软件编程计算得到其折射率。

设计并制作合适尺寸的梯形玻璃槽如图 2-2-10 所示（后面：20 mm×30 mm，侧面：40 mm×30 mm，前面：60 mm×30 mm），内部盛装待测液体。利用钠光作为光源，自组装实验装置如图 2-2-11 所示。

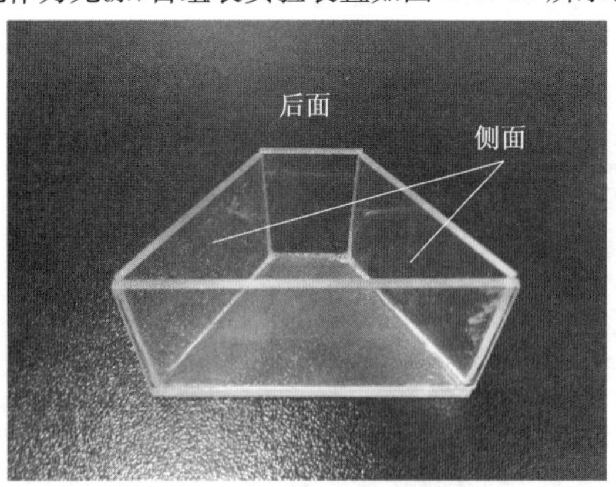

图 2-2-10　梯形玻璃槽实物图

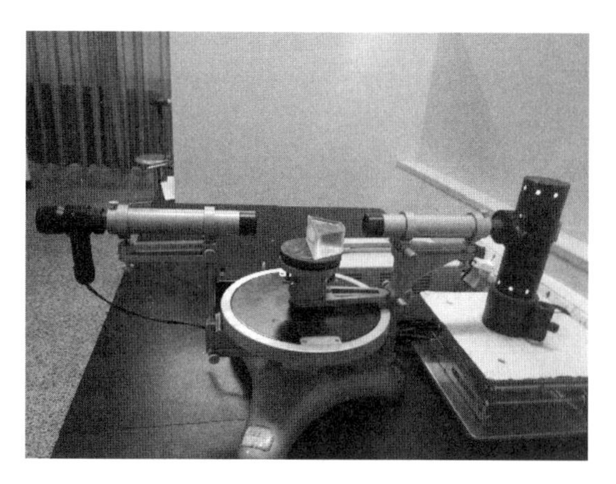

图 2-2-11　实验装置实物图(侧视图)

2. 实验原理

当光垂直于梯形液体槽上表面射入时,光的传播方向不发生改变,即可确定上下两个底面的法线;当光线从斜面入射,如图 2-2-12 所示,入射点为 B 时,令入射光线与上下两个面法线的夹角为 i。光线斜射入梯形装置后发生折射,折射光线与下表面交于 C 点,光线在 C 点再次发生折射进入空气,令折射角为 β。过 B 点做斜面的法线,上下两个面法线的平行线,并延长入射光线,找到在 B 点折射的入射角 θ 和折射角 γ,在 C 点折射的入射角 φ 和折射角 β;空气的折射率为 n_1,液体的折射率为 n_x;梯形的底角为 α。根据几何关系和折射定律推导出

$$n_x=\sqrt{\left(\frac{n_1\sin(\alpha-i)+n_1\sin\beta\cos\alpha}{\sin\alpha}\right)^2+(n_1\sin\beta)^2} \quad (2\text{-}2\text{-}11)$$

根据式(2-2-11),如果玻璃梯形顶角 α 已知,可进一步简化。玻璃梯形顶角测量原理如图 2-2-13 所示。测量方法:在待测角 α 相邻的两边分别贴上平面镜,使分光计望远镜中的“十”字反射像与分划板上部的十字叉丝等高重合,即平面镜与望远镜垂直,转动望远镜于另一面亦如此,则望远镜转动的角度为 δ,由几何关系,得

$$\alpha=\pi-\delta \quad (2\text{-}2\text{-}12)$$

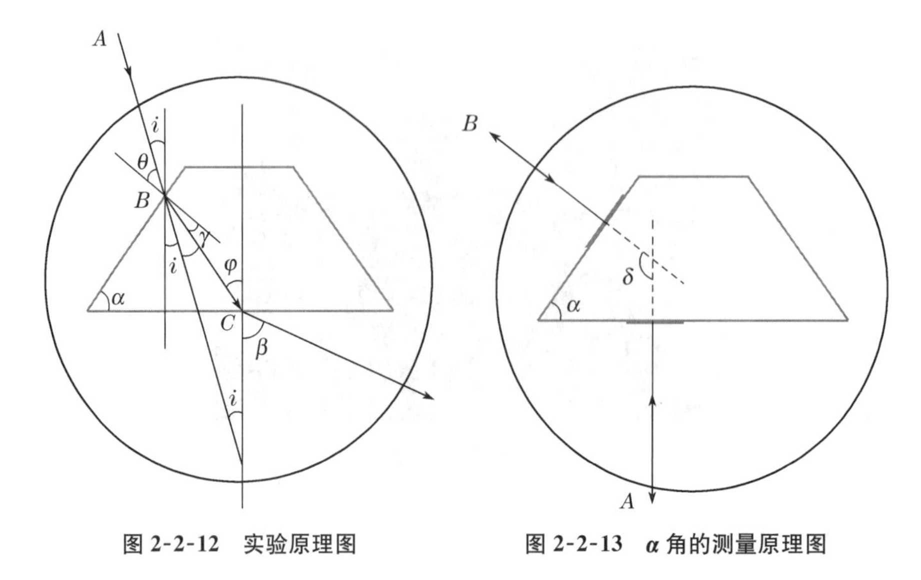

图 2-2-12 实验原理图　　图 2-2-13 α 角的测量原理图

当 α 值确定后，只需利用分光计测量出角度 i 和 β。即可得出梯形玻璃槽中待测液体的折射率 n。

3. 实验实施

调节好分光计，在梯形玻璃槽中放入待测液体并放到分光计载物台合适位置，令分光计发出的平行光从梯形液体槽的侧面入射如图 2-2-12 所示，利用分光计测量出角度 i 和 β。利用公式(2-2-11)，计算出待测液体折射率，为了提高实验的效率和精确度，可通过 Matlab 或 Python 等编程计算出待测液体的折射率。

4. 分析实验结果，得出结论，撰写论文

利用自制实验装置测量了不同百分比浓度的 NaCl 溶液的折射率，数据记于表 2-2-1(示例)中。

表 2-2-1　不同百分比浓度 NaCl 溶液折射率测量数据表，$T=23$ ℃，$\lambda=589.3$ nm

百分比浓度	初始值		i		β		n	n_1
	左游标	右游标	左游标	右游标	左游标	右游标		
5.0%	137°13′	317°11′	103°30′	283°28′	76°14′	256°12′	1.340 66	1.341 6
10.0%	125°37′	305°35′	97°3′	277°1′	70°43′	250°40′	1.350 65	1.350 7
15.0%	107°45′	287°43′	84°12′	264°10′	58°7′	238°5′	1.359 49	1.359 1
20.0%	108°26′	288°24′	75°22′	255°20′	45°21′	225°19′	1.368 27	1.368 0
25.0%	114°45′	294°43′	87°22′	267°20′	58°46′	238°43′	1.378 18	1.377 8

以阿贝折射仪测出不同百分比浓度的 NaCl 溶液的折射率 n_1 作为参考值，记录于表 2-2-1 中，计算不同浓度的 NaCl 溶液折射率的相对误差。实验结果表明，新方法测出的 NaCl 溶液折射率相对误差均远远小于 5%，证明了利用分光计、梯形液体槽等搭建的实验平台，基于光的折射和 Python 软件测量折射率是科学可行的，精确度高、简便快速，值得推广。

五、实验设计启发

从一种基于光的折射和手机测距 APP 测量物体折射率的实验仪的设计及一种基于光的折射和 Python 软件测量折射率的新方法分析，两个举例均为几何光学法测量物体折射率的设计。第一个举例是光的折射现象演示教学和折射率测量为一体的实验仪，具有一定的创新性和应用价值，该设计的要点或灵感来源于实验中常用的分光计实验仪，将分光计共轴转动的思想应用于光的折射设计上，一体化搭建平台，设计巧妙，现象明显，测量精确。从中启发，创新不一定很高端，在现有的成功例子基础上联系、类比并升华，将重要的思想应用到设计中，这是创新设计的重要方法之一；第二个举例设计的灵感是基于传统实验最小偏向角判断存在一定的难度和误差，发现问题后并设计用梯形液体槽而没有用传统的空心三棱镜解决问题。同时，利用光的折射将液体的折射率的公式推出，并用 Python 软件计算折射率，实验具有一定难度和深度。从中启发，创新设计很重要，但与设计匹配的理论知识功底亦非常重要，创新设计不只要有创新设计的点，也要有一定综合应用能力和强大的理论基础。此外，善于利用软件科学处理数据，提高实验结果分析的准确度和深度，数据处理的创新也是创新的要点之一。

总之，物理实验不单纯是实验本身，它与理论、设计、计算是一体的。扎实的理论知识、创新的实验设计、科学的计算处理相结合是进行普通物理实验设计的重要途径。

实验 2.3　光敏电阻的特性及应用

光敏电阻又称为光导管，它是一种重要的光电转换元件，其电阻值随光照强弱而改变。由于它的价格低、灵敏度高、体积小、性能稳定，因此被广泛地应用于光电控制、照相机自动测光、室内光线控制、光控灯等自动控制电路中。为了充分利用光敏电阻的特性以应用于生活和生产各个领域，研究光敏电阻的特性及其应用具有一定的实验价值和意义。

一、实验要求

1. 了解光敏电阻的特性和应用。
2. 设计电路图探究光敏电阻的特性或应用。
3. 通过实验，撰写一篇关于光敏电阻的特性或应用的论文。

二、光敏电阻的工作原理

物体在光的作用下释放出电子的现象即为光电效应，所释放出的电子称为光电子。光电效应分为内光电效应和外光电效应。

光敏电阻是利用半导体的内光电效应制成的光敏元件，半导体的导电能力取决于半导体内载流子数目的多少。在无光照的条件下，光敏电阻的暗电阻阻值一般很大，当它受到一定波长范围的光照时，当光子能量大于材料禁带宽度，则价带中的电子吸收光子的能量跃迁到导带，成为自由电子，同时产生空穴，电子-空穴对的出现使电阻率变小，导电性逐渐增强，电路中电流增大。光照停止后，自由电子和空穴逐渐复合，电阻率恢复至原值，光敏电阻的导电性逐渐减弱。

三、光敏电阻的特性简介

1. 伏安特性

在一定光照强度下，流过光敏电阻的电流与光敏电阻两端电压的关系即为光敏电阻的伏安特性。

2. 光照特性

光电流随着光照照度的变化而改变的规律称为光敏电阻光照特性。不同类型材料的光敏电阻的光照特性一般是不同的，绝大多数光敏电阻光照特性是非线性的。

3. 光谱特性

光谱特性又称光谱灵敏度，光敏电阻对入射光的光谱具有选择性，即不同波长的入射光照射到光敏电阻上，光敏电阻表现出不同的灵敏度，光敏电阻的相对灵敏度与入射光波长的关系称为光敏电阻的光谱特性，一般地，材料不同的光敏电阻的灵敏度均有一个峰值，所对应的波长不同。

4. 延时特性

光敏电阻是利用半导体的内光电的作用制成的光电转换元件，但它受到光照和处于黑暗环境时，光电导不是立即响应突变的，而是有逐渐上升和逐渐下降的现象，这种现象即为光敏电阻的延时特性。光电导的上升和下降时间称为响应时间。光敏电阻响应时间的长短，表明光敏电阻对光的变化快慢或惰性的强弱。

5. 温度特性

光敏电阻和其他半导体器件一样，受温度影响较大，当温度升高时，它的暗电阻会下降，它的其他参数都发生变化，而且这种变化无规律。为了提高光敏电阻性能的稳定性，降低噪声和提高探测率，需要采取冷却装置。

四、光敏电阻的应用简介

光敏电阻是半导体器件应用较广的一种，由于它体积小、灵敏度高、性能稳定、价格低，因此在自动控制、家用电器中得到广泛应用。例如在照相机中作自动曝光、电视机中作亮度自动调节、音乐石英钟中控制晚间不奏鸣报点，另外在路灯航标灯自动控制电路、卷带自停装置及防盗报警装置中起了重要作用。

光敏电阻最常见的应用就是自动照明灯装置：路灯自动点熄电路。该电路一般由两部分组成，电阻 R、电容 C 和二极管 D 组成半波整流电路，光敏电阻和 J 组成光控继电器。路灯接在继电器常闭触点上，由光控继电器控制灯的点燃和熄灭。其工作原理：晚上光线很暗，光敏电阻阻值很大，流过 J 的电流很小，使继电器 J 不动作，路灯接通电源点亮。早上，天渐渐变亮，即照度逐渐增大，当光敏电阻受光照后，阻值变小，流过 J 的电流逐渐增大，当照度达到一定值时，流过继电器的电流足以使 J 动作，使其闭合，其常闭触点断开，路灯熄灭。

五、光敏电阻延时特性的设计举例

1. 实验仪器及材料

数字存储示波器、稳压电源、光学导轨、光敏电阻、照度计、钠光、手机、灯泡、电阻箱等。

2. 设计思路

延时特性对应的时间采用数字存储示波器记录，光强的大小采用照度计测量。设计如图 2-3-1 所示，电源为可调直流电源，标准电阻取合适的阻值 12 kΩ，与光敏电阻 R_p 串联于电路中，其中 1 为数字存储示波器，数字存储示波器并联在标准电阻上。

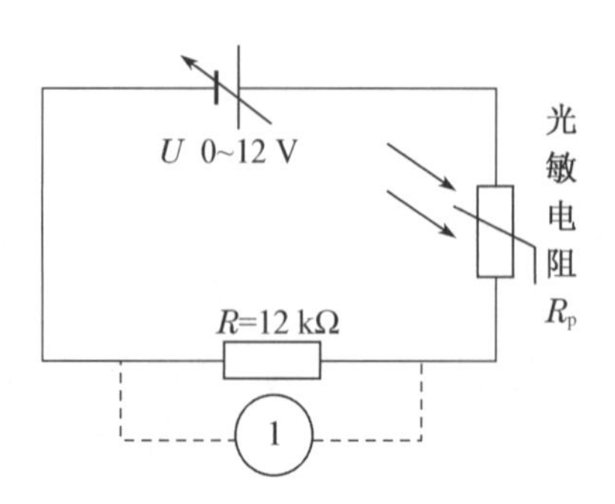

图 2-3-1　光敏电阻延时特性原理图

为了研究不同光源对光敏电阻延时特性的影响，分别将灯泡、钠光、手机电筒作为光源，探究不同光强与光敏电阻的响应时间关系；在电路中串联开关，通过开关的通断以便瞬间改变光强，实现光强从零突变，而手机作为光源时，可直接利用手机电筒自带开关进行控制实现光强突变。

3. 实验实施

按图 2-3-1 所示，将各元件按图连接搭好实验平台，如图 2-3-2 所示。将光源固定在光具座上，通过在光具座上左右移动光敏电阻即改变光敏电阻与光源的距离，从而改变光敏电阻所受的光照强度。在不同光照条件下，测试光敏电阻分别在灯泡、钠光、手机电筒照射下的响应时间并记录数据于表 2-3-1，其中，$\overline{\Delta t_1}$ 为灯泡照射下的响应时间，$\overline{\Delta t_2}$ 为钠灯照射下的响应时间，$\overline{\Delta t_3}$ 为手机照射下的响应时间。

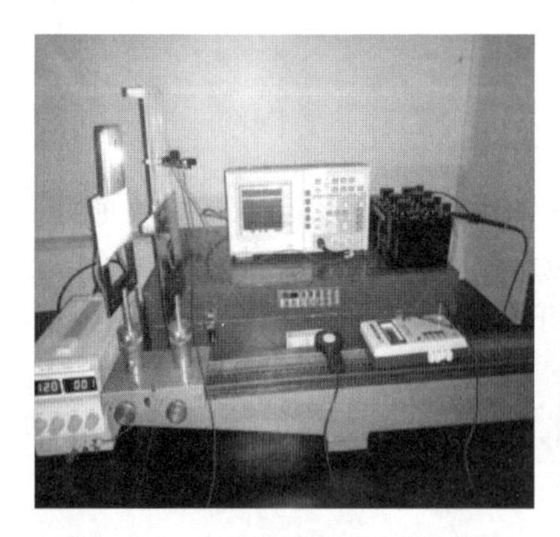

图 2-3-2　光敏电阻延时特性实物图

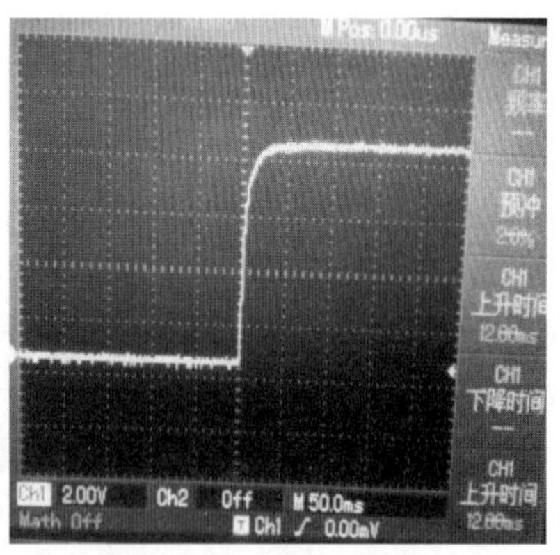

图 2-3-3　光敏电阻的响应图

表 2-3-1　不同光源照射条件下，光照强度从零突变时光敏电阻的响应时间(数据示例)

光强 E(lx)	$\overline{\Delta t_1}$/(ms)	$\overline{\Delta t_2}$/(ms)	$\overline{\Delta t_3}$/(ms)
30	138	134	78
40	108	124	70
90	78	92	70
100	70	70	44
170	50	54	40
220	62	48	50
250	50	40	42
370	46	34	22
450	30	28	30
560	48	26	24
660	44	22	32
750	36	18	24
860	40	22	20
1 000	34	18	12
1 700	32	12	22
2 000	30	12	12
2 500	26	10	14
3 000	28	8	10
3 600	26	8	8
4 800	26	6	8

4. 利用 Origin 软件作图分析

当光强突变时，光敏电阻的响应时间作为 Y 轴，而光照作为 X 轴，利用本例的数据通过 Origin 软件作图分析同一光源照射光敏电阻时，光敏电阻的延时特性曲线的相同点以及不同光源照射光敏电阻时，光敏电阻的延时特性曲线的不同点。

(1) 延时特性曲线相同点

如图 2-3-4 所示，同一光源(灯泡、钠灯、手机电筒)照射光敏电阻时，光敏电阻一定程度上均表现了相同的特点，光强的大小对光敏电阻的响应时间具有一定的影响，光敏电阻的响应时间因光照强度的不同而变化。当光照小于 250 lx 时，光敏电阻的响应时间较长，$\Delta t-E$ 曲线变化急剧；而光照增大时，光敏电阻的响应时间随之而减小，$\Delta t-E$ 曲线有一定程度的起伏；当光照达到某一值时，光敏电阻的响应时间将发生很小的变化（甚至不变），$\Delta t-E$ 曲线趋于稳定。

（2）延时特性曲线不同点

从图 2-3-4 中也可以看出，不同光源（灯泡、钠灯、手机电筒）照射光敏电阻时，光敏电阻的 $\Delta t-E$ 曲线变化幅度不一样，钠灯的 $\Delta t-E$ 曲线波动较为剧烈，灯泡次之，手机电筒曲线较稳定。当光强达到 1 000 lx 后，灯泡和手机光源照射下的 $\Delta t-E$ 曲线逐渐趋于平稳；而钠光照射下的 $\Delta t-E$ 曲线则在光强达到 2 000 lx 后才逐渐趋于平稳。

综上，光敏电阻的响应时间不仅和光照强度有关，而且不同的光源对光敏电阻的响应时间具有不同程度的影响。

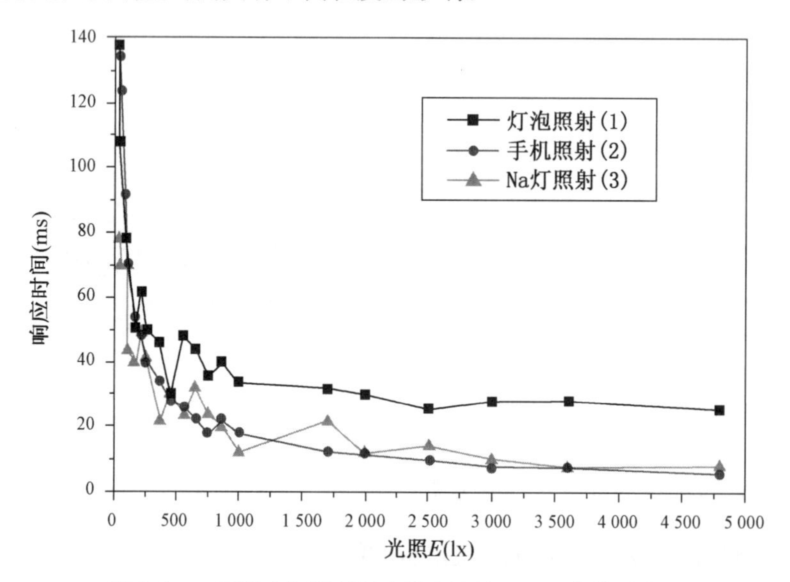

图 2-3-4　不同光源照射下光敏电阻的 $\Delta t-E$ 曲线对比图

六、光敏电阻延时特性的设计举例启发

由光敏电阻延时特性的设计举例分析，该实验的参数选择有一定创新。一般地，验证光敏电阻的延时特性采用灯泡作为光源，但灯泡随着光照时间的增加，温度会升高，除去光源，其他参数不变的条件下，光敏电阻光强会发生不同程度的变化，数据较不稳定，测出的光强具有一定的误差。基于此，本设计举例分别利用手机电筒、钠光、灯泡作为光源探究光敏电阻的延时特性，实验结果表明，手机作为光源测出的实验结果比灯泡和钠灯作为光源时更为稳定和精确，$\Delta t - E$ 延时曲线更平滑。同时，将手机作为光源时，不需要串联开关，手机上自带的开关可以瞬间改变光强，利用手机电筒开关进行控制则更加方便、快捷，故手机光源可以作为研究光敏电阻延时特性的一种有效手段，具有一定创新性。

利用光具座调节光敏电阻和光源共轴等高及左右距离一定程度上可减小实验误差，结合 Origin 软件对比延时特性曲线图精确科学。

由实验举例启发，光敏电阻的特性和应用设计可从自组装装置方面来创新，以便灵活改变实验参数，分析不同参数下其特性和应用，同时，利用 Origin 软件作图分析精确科学，是数据处理值得推广的方法。

实验 2.4　糖溶液旋光特性的探究

测量物质的旋光率可以研究物质的分子结构、晶体结构，检验物质的纯度、含量和溶液的浓度等，旋光率的测量广泛应用于制糖、化工、制药、香料、石油、食品等工业生产。糖溶液旋光率的测量是大学物理实验必做的实验项目之一，目前，各高等院校普遍采用 WXG－4 旋光仪、WZZ－T2 投影式自动旋光仪、WXG－5 旋光仪等旋光仪进行测量。虽然其实验操作简单，但其中的起偏器和检偏器都被固定封装在金属筒中，不能直观地认识偏振系统和角度的变化。因此，对于自组装建立测量偏振面旋转的实验系统具有一定的实验价值和实际意义。本实验旨在拓展旋光率的测量方法，设计一种改进的方法或新方法，自组装装置，搭建测量偏振面旋转的实验系统，探究糖溶液的旋光特性，进一步了解光的偏振现象和糖溶液的旋光特性。

一、实验要求

1. 了解光的偏振现象和糖溶液的旋光特性。
2. 设计一种改进方法或新方法探究糖溶液的旋光特性。
3. 通过实验，撰写一篇关于糖溶液旋光特性的论文。

二、实验原理

旋光效应是指一束线偏振光在介质中传播时振动面发生旋转的现象。具有旋光性质的物质称为旋光物质，例如石油、石英晶体、糖溶液、松节油等。而通过研究某些物质的旋光特性，可以鉴别该物质种类。

在垂直于传播方向的平面内，光矢量只沿某一个固定方向振动，称为线偏振光，又称为平面偏振光。当平面偏振光沿晶体光轴方向通过晶片，偏正面将会发生旋转，这种现象即为旋光现象，其旋转角的大小与通过晶体的厚度和晶体材料的物理特性有关，它是一个非常重要的参数，以透明

溶液为例，振动面的旋转角度为

$$\varphi=\alpha CL \tag{2-4-1}$$

式中：L 为溶液厚度；α 为旋光率，定义为偏振光通过浓度为1 g/cm^3、厚度为 1 dm 的旋光溶液所产生的旋转角，与物质的性质、入射光的波长均有关；C 为溶液的浓度，代表每立方厘米溶液中所含溶质的质量。

由式(2-4-1)可知当波长 λ 和厚度 L 一定，溶液浓度 C 已知时，只需用仪器测出旋转的角度 φ 即可求出溶液的旋光率 α。

旋光物质可通过实验进行观察，如图 2-4-1 所示，C 为旋光物质，M 为起偏器，N 为检偏器。当自然光(单色光)通过起偏器后变为线偏振光，而线偏振光通过检偏器后的透射光强度满足马吕斯定律

$$I_{\varphi}=I_0\cos^2\varphi \tag{2-4-2}$$

式中，I_0 是线偏振光的振动方向与检偏器取向平行时，检偏器的透射光强，该值为透射光强的最大值。

当线偏振光光栅和检测器的偏正化方向调到正交($\varphi=90°$)时，这时人眼看到的视场最暗($I_{\varphi}=0$)。在 M 和 N 之间放置旋光液体，此时偏正面将会发生旋转，视场变亮，再次调节检偏器使视场最暗。因此，检偏器所转过的角度即为溶液旋转的角度 φ。

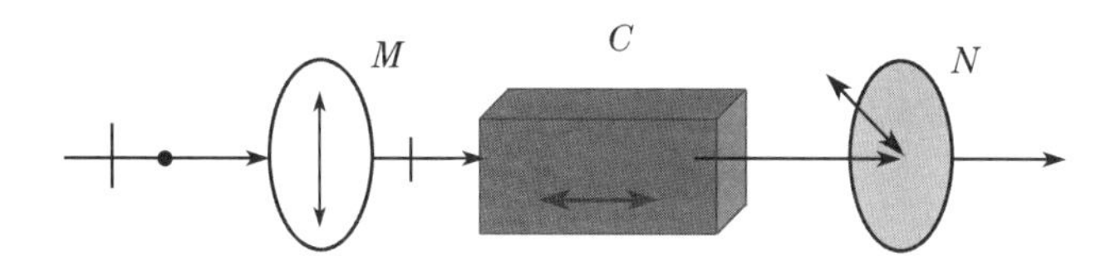

图 2-4-1　测量旋转角度原理图

三、实验方法简介

1. 传统旋光仪测量法

如图 2-4-2 所示，当在旋光仪中放进存有被测溶液的试管后，由于溶液具有旋光性，使平面偏振光旋转了一个角度，视场便发生了变化，转动检偏镜一定角度，能再次出现亮度一致的视场。这个转角即为溶液的旋光度，它的数值可通过旋光仪的度盘读出。

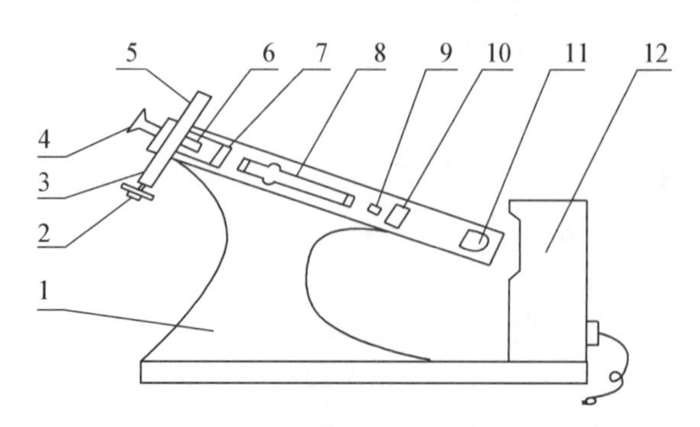

图 2-4-2 WGX-4 圆盘旋光仪结构示意图

1—底座；2—度盘调节手轮；3—刻度盘；4—目镜；5—游标；
6—物镜；7—检偏片；8—旋光管；9—石英片；10—起偏片；
11—会聚透镜；12—光源

2. 基于光强探测器的自组装偏振实验仪测量法

基于光强探测器的自组装偏振实验仪，将单色光光源、起偏器、样品架、检偏器、光强探测器及数字检流计依次置于光学平台上的光具座上，可以在垂直于光传播方向的平面内方便地调整检偏器，实验装置如图 2-4-3 所示。测量原理和旋光仪类似，将旋光度的测量转化为相对光强的测量，使得光路调节方便，测量简单。

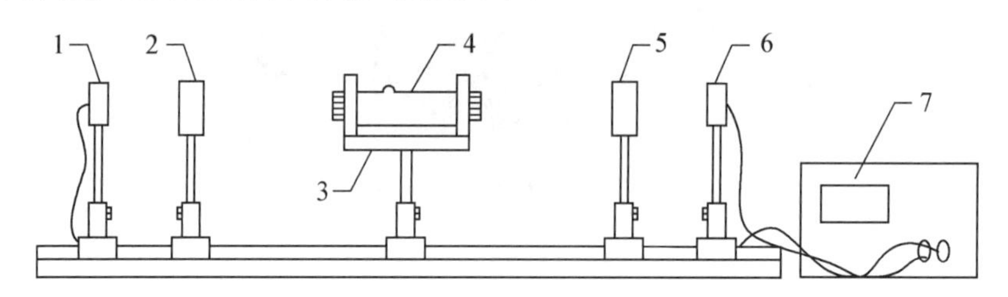

图 2-4-3 基于光强探测器的自组装偏振实验仪

1—氦氖激光器；2—起偏器；3—支架；4—蔗糖溶液样品管；
5—检偏器；6—光强探测器；7—数字检流计

3. 基于光功率计的自组装偏振实验仪测量法

基于光功率计的自组装偏振实验仪测量液体旋光率原理与上述 2. 基于光强探测器的自组装偏振实验仪测量原理基本一样，其不同之处在于偏振光实验仪把透过旋光液的光线通过光功率计显示出来。

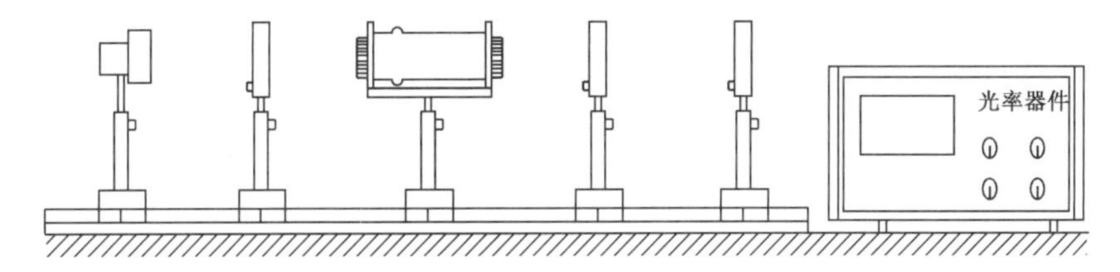

图 2-4-4　基于光功率计的自组装偏振实验仪

4. 基于示波器的自组装偏振实验仪测量法

使用激光作为光源，在检偏器 P_2 上加一电机使其转动，并在检偏器 P_2 上涂上一狭窄的不透明物质. 如图 2-4-5 所示然后在检偏器 P_2 的后面放上光电二极管，其作用是将光信号直接转换为电信号，然后接到示波器上，通过示波器观察电流的变化从而测量旋光度。改进后的旋光度测量装置如图 2-4-5 所示。

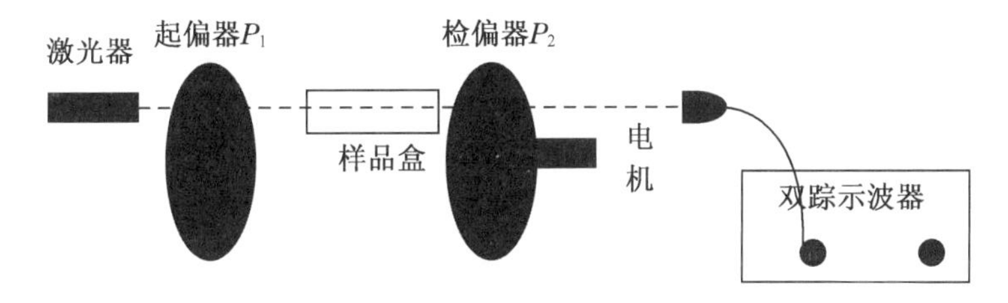

图 2-4-5　基于示波器的自组装偏振实验仪

以上方法均为自主装偏振仪设计实验，光路便于调节，实验现象明显，旋光度的测量转化为光强信号或电信号智能量化判断测量。

四、基于自组装直读式分光计旋光仪探究糖溶液的旋光特性举例

1. 设计思路

传统旋光仪测量法一般采用钠光作为光源并在密闭的系统里进行实验，存在实验现象不明显，学生不理解偏振光路的变化等问题。基于此，本例利用传统实验中常用的分光计、偏振器和自制的读数盘进行自主改装，自组装“直读式分光计旋光仪”探究糖溶液的旋光特性，并比较自组装

“直读式分光计旋光仪”与传统旋光仪测量的优缺和准确度。

2. 实验实施

如图 2-4-6 所示，利用钠光作为光源，巧妙利用实验室常用的分光计，平行光管的透镜位置处放置起偏器（自制的读数盘与起偏器一体化），望远镜的物镜位置处放置检偏器（自制的读数盘与检偏器一体化），自然光通过分光计平行光管发出平行光，当分光计载物台上不放置待测溶液时，旋转检偏器，使出射光强最小，即起偏器和检偏器偏振方向正交。之后载物台放上待测旋光溶液，液体槽的规格为(83×40×60)mm^3 即 $L=$

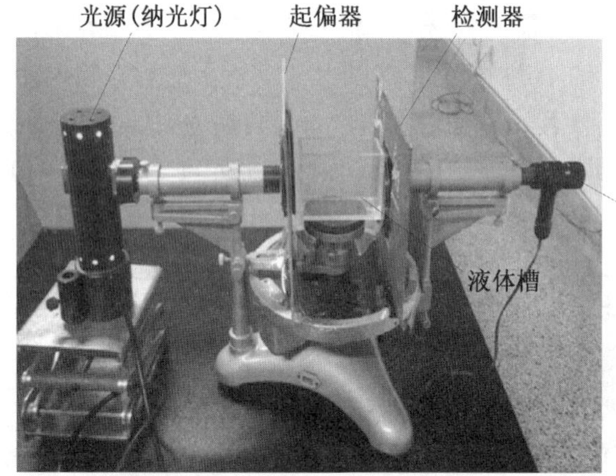

(a) 侧视图

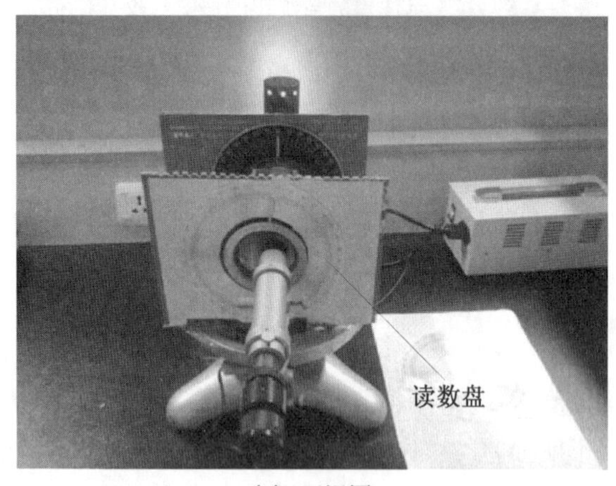

(b) 正视图

图 2-4-6　直读式分光计旋光仪装置实物图

0.830 dm，由于旋光效应，通过检偏器的光强变亮。再次旋转检偏器，使出射光强变为最小，检偏器转过的角度，即为溶液的旋光角度 φ，该角可从检偏器的读数盘上读出。再根据公式 2-4-1 即可求出溶液的旋光率 α，利用 Matlab 对自制的直读式分光计旋光仪和传统的 WXG－4 旋光仪测得的不同浓度蔗糖溶液旋光率 α 进行单因素方差分析（ANOVA），比较出 WXG－4 旋光仪和自制的直读式分光计旋光仪所测出的旋光率 α 之间的相似度。

3. 利用 Matlab 分析实验结果

（1）利用 Matlab 对自组装的直读式分光计旋光仪与传统的 WXG－4 旋光仪测得的蔗糖溶液的旋转角作图，如图 2-4-7 所示，可知不同浓度蔗糖溶液与旋转角呈线性增长关系。

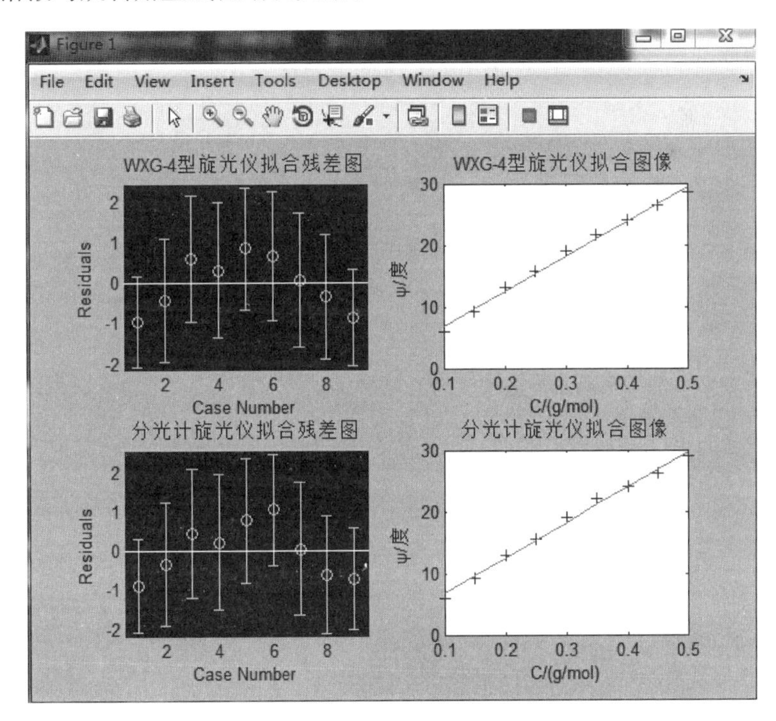

图 2-4-7　不同浓度的蔗糖溶液旋转角拟合图

（2）利用 Matlab 编程得到两种方法所测数据的方差分析表和旋光率各列数据的盒形（box）图，分别如图 2-4-8、2-4-9 所示，方差分析表输

出的 P 值为 0.974 9，该值远远大于 0.05，说明两种方法所测的各列数据之间无显著差异，而且相对误差均小于 0.3%，精确度极高。相比传统的 WXG－4 旋光仪，自组装的直读式分光计旋光仪观察偏振现象直观明了，测量方便。用自主改装的直读式分光计旋光仪是科学可行的，自主改装的“直读式分光计旋光仪”是测量溶液的旋光率实验中值得推广的一种新方法。

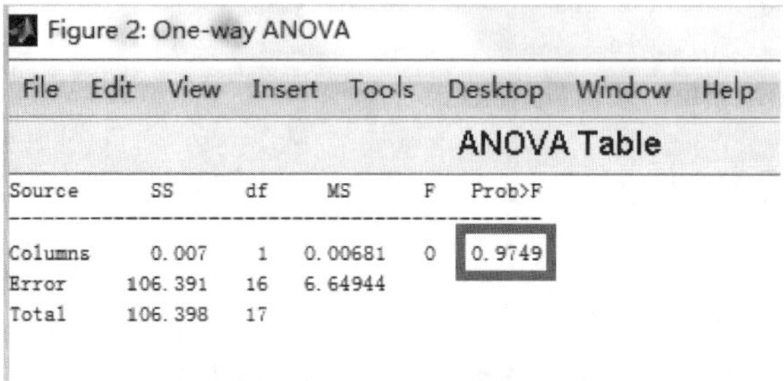

Figure 2: One-way ANOVA

File Edit View Insert Tools Desktop Window Help

ANOVA Table

Source	SS	df	MS	F	Prob>F
Columns	0.007	1	0.00681	0	0.9749
Error	106.391	16	6.64944		
Total	106.398	17			

图 2-4-8　方差分析表

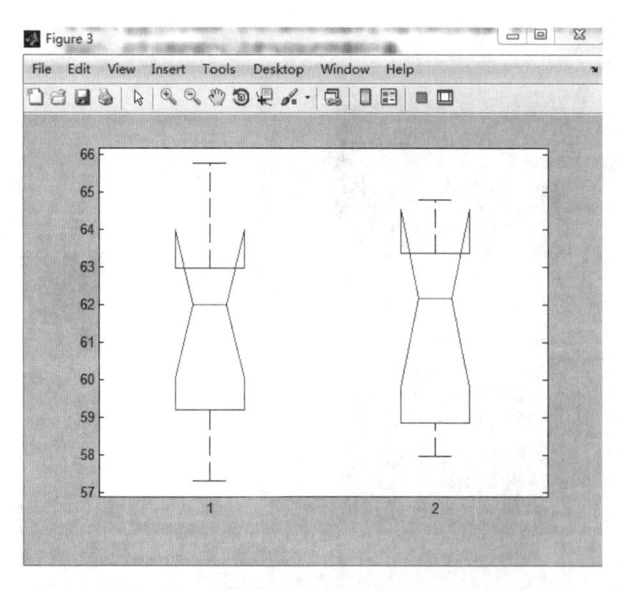

图 2-4-9　旋光率 α 各列数据的合形(box)

五、基于自组装直读式分光计旋光仪探究糖溶液的旋光特性举例启发

从基于自主直读式分光计旋光仪探究糖溶液的旋光特性举例中启发，实验设计不拘泥于传统的封闭实验仪，善于利用现有的装置自组装实验平台，利用 Matlab、Origin 等软件科学处理数据，提高实验结果分析的精确度和深度。

最后，实验做得好、论文写得好是普通物理实验设计的两大重要技能，实验设计的科学性、实验设计的创新性、实验结果的准确性等通过一定方式归纳总结，撰写成论文。

“自主直读式分光计旋光仪”探究溶液旋光特性装置的优点一目了然，通过把实验的设计思想浓缩凝练可形成一篇优质论文。论文的撰写可介绍实验背景，简述物质的旋光特性的各种方法，阐明实验原理，之后是实验部分，设计实验光路图，实验实施，记录实验现象，分析讨论，记录实验数据，并对结果分析讨论，最后得出结论。

物质的旋光特性实验设计的重点是如何搭建快速准确地判断偏振现象并测量旋转角的实验平台，物质的旋光特性研究不只关注测量旋转角部分，还可拓展思路探究物质的旋光特性的应用。

此外，物质的旋光特性是基于光的偏振的课题之一，对于光的偏振特性相关课题还有验证马吕斯定律、反射光的偏振特性、半导体激光器的偏振特性、波片的性质及应用等，希望同学们多思考多阅读并科学选题，创新设计，打造优质论文。

实验 2.5　望远镜的设计及组装

1608 年荷兰人汉斯·利伯希发明了第一部望远镜，1609 年，意大利天文学家、物理学家伽利略发明了人类历史上第一台折射式天文望远镜。望远镜是用途极为广泛的助视光学仪器，用来观察远处的目标。其主要作用在于增大被观察物体对人眼的张角，起着视觉放大的作用。它的基本光学系统都由物镜和目镜组成。望远镜在天文学、电子学、生物学和医学等领域中都起着十分重要的作用。本实验旨在设计一定放大倍数的望远镜，利用材料将设计的望远镜自组装，同时测出其实际的放大倍数。

一、实验要求

1. 设计一种小型望远镜并组装。
2. 测量望远镜的放大倍数。
3. 通过实验，撰写一篇关于望远镜的组装及其放大倍数测量的论文。

二、实验原理

望远镜的视角放大率 M 定义

$$M=\frac{\alpha_O}{\alpha_E} \tag{2-5-1}$$

式中：α_O 为用仪器时虚像所张的视角；α_E 为不用仪器时物体所张的视角。

对于望远镜，两透镜的光学间隔近乎为零，即物镜的第二焦点与目镜的第一焦点近乎重合。望远镜可分两类，若物镜和目镜的第二焦距均为正（即两个都是会聚透镜），则为开普勒望远镜；若物镜的第二焦距为正（会聚透镜），目镜的第二焦距为负（发散透镜），则为伽利略望远镜。

图 2-5-1 为开普勒望远镜光路图，当无穷远处物体发出的光经物镜后在物镜焦平面上成一倒立缩小的实像，再利用目镜将此实像成像于无穷远处，使视角增大，利于人眼观察。

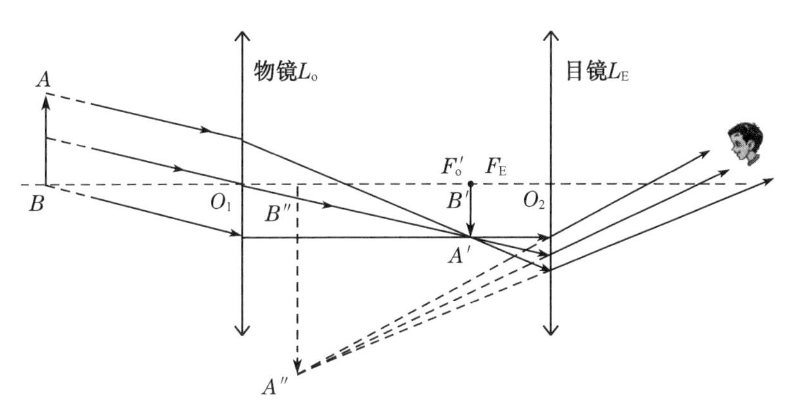

图 2-5-1　开普勒望远镜光路示意图

远处物体 AB 经物镜 L_O 后在物镜的第二焦平面F'_O上成一倒立实像 $A'B'$，像的大小决定于物镜焦距以及物体与物镜间的距离。像 $A'B'$一般是缩小的，近似位于目镜 L_E 的第一焦平面上，经目镜放大后成虚像 $A''B''$ 于观察者的明视距离与无穷远之间。由理论计算可得望远镜($\Delta=0$)放大率为

$$M=-\frac{f'_O}{f'_E} \tag{2-5-2}$$

上式表明：开普勒望远镜 $f'_O>0$，$f'_E>0$，放大率 M 为负值，系统成倒立的像；物镜的焦距越长，目镜的焦距越短，望远镜的放大率越大。同样地，伽利略望远镜的放大率等于物镜焦距与目镜焦距的比值，$f'_O>0$，$f'_E<0$，其放大率 M 为正值，系统成正立的像。伽利略望远镜如图 2-5-2 所示。

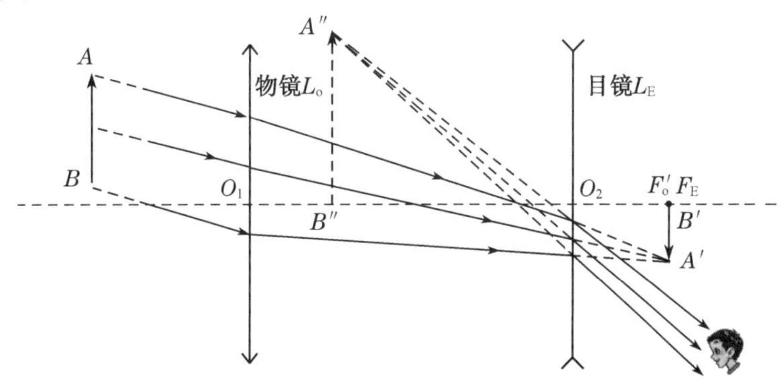

图 2-5-2　伽利略望远镜光路示意图

三、基于伽利略望远镜模型的设计与组装举例

1. 分析伽利略望远镜的原理

伽利略望远镜具有结构简单，制作费用低，镜筒短而能成正像，易于研究分析的优点，伽利略折射式望远镜的原理如图 2-5-2 所示。

伽利略折射式望远镜是物镜为会聚透镜而目镜为发散透镜的望远镜。光线经过物镜折射所成的实像在目镜的后方（靠近人目的后方）焦点上，此像对于目镜是一个虚像，因此经它折射后成一放大的正立虚像。

2. 主要参数设计

首先确定设计的望远镜所需的参数，了解物镜与目镜的选择及其对视角放大率的影响。由于物镜的焦距越长，目镜的焦距越短，望远镜的放大率越大。因此，注意透镜焦距参数的选择，同时，也要注意其他参数的设计，如目镜视场角，望远镜分辨率，入瞳直径，出瞳直径，视场光阑直径，目镜口径，出瞳距离和目镜视度调节量等。

3. 材料准备

凸透镜一个（大焦距）、凹透镜一个（小焦距，直径和凸透镜大小一样）、不透光硬纸板数张、刻度尺等。

4. 望远镜自组装

选择合适直径和焦距的目镜和物镜后，用胶水和小槽把两块镜片装在硬纸筒内，再做一个简单的台座，一台简易的望远镜便制成了。

5. 注意事项

（1）组装所用的硬纸板应为不透光的材质；

（2）组装过程中要保证目镜筒以及物镜筒在一条直线上，且密闭无缝隙；

（3）目镜与物镜的间距应在一倍物镜焦距内，否则所成的像为倒立的虚像；

(4) 注意保持物镜与目镜的清洁,使用时轻拿轻放。

6. 选择合适的方法测望远镜放大倍数,并作不确定度分析

望远镜的放大倍数是望远镜性能的重要参数,它的数值为物镜焦距与目镜焦距的比值,计算公式:$M=-\frac{f'_O}{f'_E}$,M 为放大倍数,f'_O为物镜焦距,f'_E为目镜焦距。

测量望远镜的放大倍数有多种办法,如测量目镜焦距与物镜焦距法、视角直接比较法、游码法等。以成像法为例,它具有操作简易,原理简单,准确性较高的优点,成像法测望远镜放大倍数的原理图如图 2-5-3。

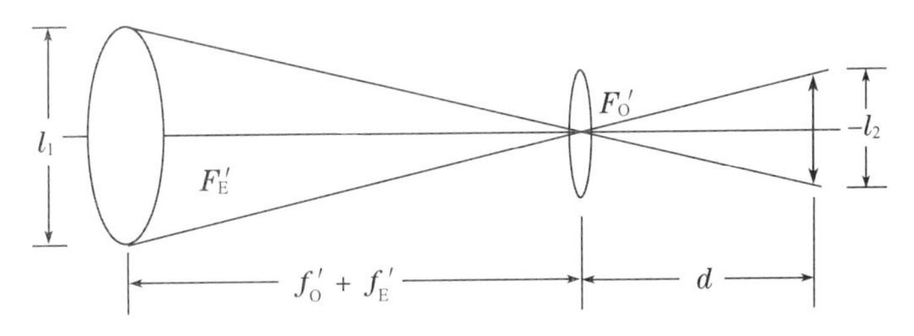

图 2-5-3　成像法测望远镜放大倍数的原理

当望远镜对焦无穷远时,望远镜物镜与目镜之间的距离为($f'_O+f'_E$),在物镜原来的位置放一长度为 l_1 的目的物,在离目镜 d 处得到目的物经目镜所成的实像,设其像长为$-l_2$,则根据成像公式得

$$-l_1/l_2=(f'_O+f'_E)/d \tag{2-5-3}$$

$$\frac{1}{d}+\frac{1}{f'_O+f'_E}=\frac{1}{f'_E} \tag{2-5-4}$$

从以上两式中消去 d,得

$$M=\frac{l_1}{l_2} \tag{2-5-5}$$

只要测出物的长度 l_1 及其像长 l_2,通过近似处理,即测出物镜光阑的长度 l_1 及其像长 l_2,就可以得到望远镜的视角放大率。

四、基于伽利略望远镜模型的设计与组装启发

望远镜设计与组装，要注意科学计算和精密组装，并实现望远镜的放大功能，得到望远能力强、成像清晰、外形美观、结构坚固等一体的望远镜，同时注意放大率、视场光阑、入射光瞳、出瞳距离、目镜口径、目镜视度调节量等参数的科学计算。

此外，开普勒望远镜由两个凸透镜构成，由于两者之间有一个实像，可安装分划板，由于该望远镜成像是倒立的，可在望远镜系统中间增加转像装置。

实验 2.6　超声法测量液体声速

声学是物理学的重要分支，检测声学在声波定位、无损检测、探伤、测距、流体测速、测材料弹性模量、测量气体温度随时间变化等方面具有重要意义。

声音的传播速度是声学中的一个重要物理量，它和声波的类型，媒质的性质、温度、压强等很多物理学量都有密切的关系，通过对声速的测量可以获取传播介质的特性及相关的状态信息。空气中声速的测量是普通物理实验必做的项目之一，而本实验旨在设计一种方法或装置探究液体声速的测量。

一、实验要求

1. 设计一种新方法或改进传统方法或自组装装置测量介质声速。
2. 搭建实验平台，实验实施，分析实验结果，撰写一篇关于声速测量的论文。

二、实验方法简介

频率 20 Hz～20 kHz 的机械振动在弹性介质中传播形成声波，高于 20 kHz 称为超声波。超声波具有波长短，方向性强，能量易于集中、抗干扰性强、可定向等优点，一般地，超声波常被用作测量声速。

压电陶瓷超声换能器是发生和接收超声波的器件，压电陶瓷片是用多晶体结构的压电材料（如钛酸钡）制成的，具有压电效应，即能将正弦交流信号变成压电材料纵向长度的伸缩，使压电陶瓷成为声波的波源。反之，压电陶瓷片也可以使声压变化转变为电压的变化，具有逆压电效应，即用压电陶瓷片作为声频信号的接收器。

声速的测量常用方法有共鸣管法、超声测速法。其中，超声测速法主要通过两类途径测得，第一类为直接测量超声波传播的距离 L 和传播时

间 t，直接根据关系式 $v=L/t$ 可测出声速，称为“时差法”。这是工程应用中常见的方法，此种方法多用于固体介质中超声声速的测量。

若以脉冲调制正弦信号输入到超声换能发射器，使其发出脉冲声波，经过时间 t 后，经过一段距离 L 到达超声换能接收器，接收器收到脉冲信号后，能量逐渐积累，振幅逐渐增大，脉冲信号过后，接收器作衰减震荡，t 可由测量仪自动测量，测出 L 后，即可由：$V=L/t$ 计算声速。

第二类是基于超声波的传播特点，利用波长频率关系式 $v=f\lambda$，通过测量超声波的波长 λ 和频率 f 来计算出声速，驻波法（也叫共振干涉法）、相位比较法和超声光栅法均是通过间接方式来测量介质中声速的实验方法。

驻波法即超声换能发射器发出一定频率的声波，经液体介质传播，到达接收器，如果接收面和发射面平行，即入射波在接收面上垂直反射，当两换能器平面端面间有声波传播而此换能器平面端面间的距离又恰好等于其声波的半波长的整数倍时（$L=n\lambda/2$），入射波和反射波发生叠加形成声波驻波，用示波器观察接收换能器端面的输出电压幅度变化判断共振并通过计算得到声速。

相位比较法是超声换能发生器与接收器之间距离为 L 时，在发射器驱动正弦信号与接收器接收到的正弦信号之间将有相位差，可以利用示波器的李萨如图形来观察。若将发射器驱动正弦信号与接收器接收到的正弦信号分别接到示波器的 X 及 Y 输入端，则相互垂直的同频率正弦波干涉，其合成轨迹为李萨如图形。实验时通过改变发射器与接收器之间的距离，观察位相的变化，根据示波器上李萨如图形一个周期的变化，测出移动的距离即可得到波长 λ，并根据频率和波速关系求出波速。

超声光栅法是基于光波在介质中传播时被超声波衍射即超声致光衍射效应从而测量声速的一种方法。超声波是一种纵向应力波，其声压会使液体分子在时间和空间上做周期性变化，从而液体的折射率亦作周期性变化，形成疏密波。当平行光沿垂直于超声波传播方向通过液体时，平行光就像通过了一个普通的透射光栅，光栅间距等于声波波长，平行光通过这个光栅时会发生衍射现象。因此这种由超声波在液体中传播所形成的液体光栅就称之为超声光栅。通过超声光栅衍射法亦可测量液体的声速。

三、基于超声光栅法自组装装置测量液体声速设计举例

1. 实验仪器及材料

分光计、HLD－SGY－I型声光衍射仪、测微目镜、钠灯、液体槽、葡萄糖、去离子水等。

2. 设计原理

超声波作为一种纵波在液体中传播时，超声波的声压使液体分子产生周期性变化，促使液体的折射率也相应地作周期性变化，形成周期结构的疏密波。如图2-6-1所示，当平行单色光沿垂直超声波方向通过这疏密相间的液体时，如同通过光栅般发生衍射，此种衍射为声光衍射，经透镜聚焦后，即可在焦平面上观察到衍射条纹。

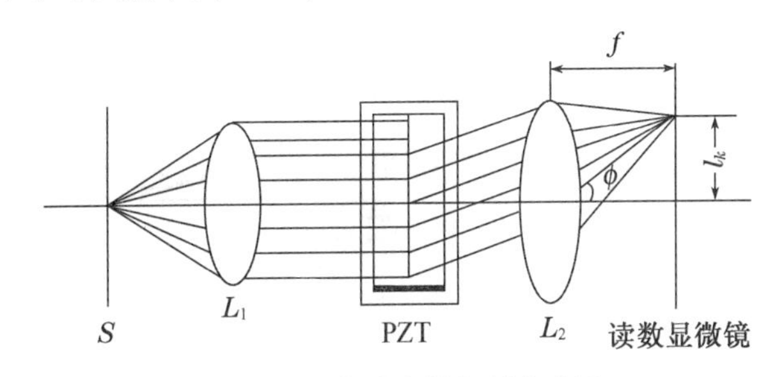

图2-6-1　超声光栅衍射光路图

根据光栅方程可得

$$d\sin\phi_k = k\lambda_{光} \quad (k=0,\pm1,\pm2,\pm3\cdots) \tag{2-6-1}$$

式中：d为光栅常数；ϕ_k为第k级衍射光的衍射角；$\lambda_{光}$为入射光波波长。

由于本实验中光栅常数d就是液体折射率在空间变化的周期，即超声波的波长$\lambda_{声}$则式(2-6-1)为

$$\lambda_{声}\ \sin\phi_k = k\lambda_{光} \tag{2-6-2}$$

当ϕ_k角很小时，有

$$\sin\phi_k = \frac{l_k}{f} \tag{2-6-3}$$

式中：l_k 为衍射光谱上零级至 k 级衍射条纹的距离；f 为透镜 L_2 的焦距。

超声波的波长为

$$\lambda_{声} = k\lambda_{光}/\sin\phi_k = k\lambda_{光}\ f/l_k \tag{2-6-4}$$

超声波在液体中的传播速度

$$v = \lambda_{声}\ \nu \tag{2-6-5}$$

式中：ν 为信号源的振动频率。

3. 实验平台的搭建及参数选择

如图 2-6-2 所示，利用钠光作为光源（λ=589.3 nm）和实验室常用的分光计，当钠光通过分光计平行光管发出平行光，垂直入射到装有锆钛酸铅陶瓷片（PZT 晶体片）的待测液体槽即超声光栅时，通过望远镜物镜汇聚于测微目镜，利用测微目镜观测衍射条纹。

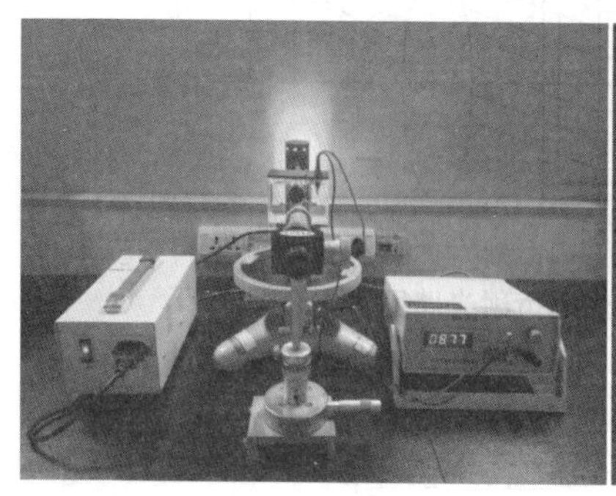

(a) 正视图

(b) 侧视图

图 2-6-2 超声光栅衍射平台实物图

（1）选择生活中常见的蒸馏水、食用花生油、氯化钠溶液（5%）、乙醇（75%）、葡萄糖溶液（30%）作为测量对象，在液体槽中盛放不同液体，通过超声光栅法测出超声波在不同液体中传播时的声速特点，并作误差分析。

（2）由于液体的压缩系数与浓度有着紧密的联系，浓度的高低亦会影响液体分子的数目、运动以及分子间的碰撞次数，从而影响液体的声速。本实验选择实验中误差最小的液体，设置一定梯度改变该液体的浓度，探究不同浓度下该液体声速的特点。

4. 实验实施，记录数据

(1) 调节分光计可以使用的状态。

(2) 将待测液体注入装有 PZT 的液体槽内并放置到分光计的载物台上。

(3) 前后移动测微目镜使衍射条纹最清晰，调节共振频率，使衍射光谱的级次显著增多且更为明亮。左右微转动超声池，微调超声液体槽确定射于超声池的平行光束完全垂直于超声束，同时观察视场内的衍射光谱，使得光谱左右级次对称、亮度一致。

(4) 旋转测微目镜，使目镜视场中分划板标尺与衍射条纹平行，固定测微目镜，通过测微目镜测量条纹间距。

(5) 利用逐差法，计算出相邻条纹间距。

5. 利用 Origin 软件对不同浓度下的液体声速进行拟合分析，最后得出结论

四、基于超声光栅法自组装装置测量液体声速设计启发

从超声光栅法自组装装置测量液体声速举例中启发，从声速的测量装置着手，自组装装置创新；经过大量阅读文献，超声光栅法测量对象一般是几种液体，并未对不同浓度的液体进行研究，基于此，从测量对象上亦可创新；最后，从数据处理方式上创新，利用软件科学处理数据，提高实验结果分析的准确度和深度。

因此，加强对实验原理和方法等理论和传统知识的理解和思考，大量阅读文献，从大量的创新和设计例子中打开思路，利用类比、对比、联想等多种方式发散思维，创新设计，打造优质论文。

实验 2.7　手机传感器在物理实验中的应用

随着科学技术的高度发展，智能手机的功能越来越强大，运用也越来越广泛，一些精巧的传感器被安装在智能手机上，Physics Toolbox Suite、SPARKvue Senor Kinetics、Phyphox 等各类传感器手机应用 app 被研发并广泛应用于生活、生产及教育等领域。手机传感器能缓解低成本器材、先进实验器材价格昂贵、测量软件操作繁琐等问题，在物理实验中合理地使用手机传感器，一定程度上可以简化实验，提高实验结果的精确性，对于激发学生的学习兴趣，培养学生的创新能力也有一定的促进作用。利用手机传感器辅助物理实验、创新物理实验具有一定的实验价值和实际意义，本实验旨在巧妙地利用手机传感器辅助设计物理实验并创新实验。

一、实验要求

1. 了解常用的手机传感器软件。
2. 设计一种利用手机传感器进行物理实验的实验方案。
3. 通过实验测量及数据处理，撰写一篇关于应用手机传感器进行物理实验探究的论文。

二、手机传感器介绍

1. 典型手机传感器介绍

智能手机内置的传感器类型较多，以下介绍在物理实验中常用的几种典型传感器：距离传感器，手机使用的距离传感器是利用测时间来实现距离测量的一种传感器。红外脉冲传感器通过发射特别短的光脉冲，并测量此光脉冲从发射到被物体反射回来的时间，通过测时间来计算与物体之间的距离；光传感器，在手机中使用的光线传感器件一般是光敏三极

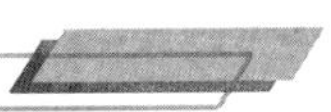

管，也叫光电三极管，光敏三极管有 2 个 PN 结，其基本原理与光敏二极管相同，但是它把光信号变成电信号的同时，还放大了信号电流，因此具有更高的灵敏度，利用光敏三极管，接受外界光线时，会产生强弱不等的电流，从而感知环境光亮度，检测实时的光线照度，单位为 lux，其物理意义是照射到单位面积上的光通量；加速度传感器，利用压电效应，通过三个维度确定加速度方向，通过手机能呈现出物体运动中 x、y、z 三个方向上加速度随时间的变化图像，对物体的运动以及相关的力学现象进行实验探究；磁场传感器，一般为各向异性磁致电阻材料，当感受到微弱的磁场变化时，会导致自身电阻产生变化，手机输出的电压示数也随着变化，从而判断地磁场的方向。一般地，手机要旋转或晃动几下才能准确指示方向。

2. 手机传感器软件 APP 介绍

Phyphox 是德因亚琛工业大学基于传感器设计开发的物理实验手机软件，面世之后在多个国家和地区受到关注，不仅在 2018 年 1 月的 AAPT(美国物理教师协会)冬季会议上获得广泛好评，也被台湾清华大学等高校和物理竞赛组织列为推荐使用的实验测量工具。Phyphox 软件通过调用手机的内置传感器，包括加速度传感器、磁力传感器、陀螺仪(旋转传感器)、光传感器、压力传感器、麦克风以及 GRS 等，可根据手机的运动情况和周围环境进行相应的数据测量，实现加速度、角速度、光照强度、磁场强度、压力和声音的幅度和频率等基本物理量的测量，并且将这些数据以图形或数字的形式呈现。除此之外，还有基于传感器而开发的实用工具，如秒表(声学秒表、运动秒表、光学秒表)、角度调量仪、音频发生器等。除了直接使用实用工具和单独的传感器，Phyphox 软件还将传感器进行模块化组合，方便使用者研究和分析转动、滚动、弹性碰撞、弹簧振动、单摆、失重与超重等多种基本运动。

SPARKvue 是由 PASCO 公司针对 IOS 平台开发的数据采样软件，可通过苹果应用商店免费下载。软件可以利用 iPhone、iPad、iTouch 内部传感器测量实时加速度并进行记录，如果外接 PASPORT AirLink 2 蓝牙配件还可以测量 pH 值、温度、力、气体浓度等，该软件为物理量的测量提供了快捷有效的手段。

Sensor Kinetics 涉及陀螺仪和加速度计数据记录，以及磁力计，压力传感器，相对湿度传感器，光传感器，线性加速度传感器，温度传感器，接近传感器和重力传感器等。

Sense-it 是一款可以实时观测并记录一种或多种智能手机传感器数据并生成图像的软件。它由来自英国的开放大学提供，MikeSharples、Chris-tothea Herodotou 和 Eloy Villasclaras 开发。

三、基于手机传感器 Sense-it 对蒸馏水折射率与温度关系的探究举例

1. 实验仪器及材料

迈克尔逊干涉仪、阿贝折射仪、数字式温度计、磁力搅拌器、手机传感器 Sense-it、蒸馏水及宽度为 17 mm 比色皿等。

2. 设计原理

迈克尔逊干涉仪利用分振幅法产生双光束实现干涉的装置，如图 2-7-1 所示，通过调整干涉仪，令 M_1 与 M_2 垂直时，可在 E 处获得等倾干涉圆环。由光的干涉相干条件，可得

$$2nd = N\lambda \tag{2-7-1}$$

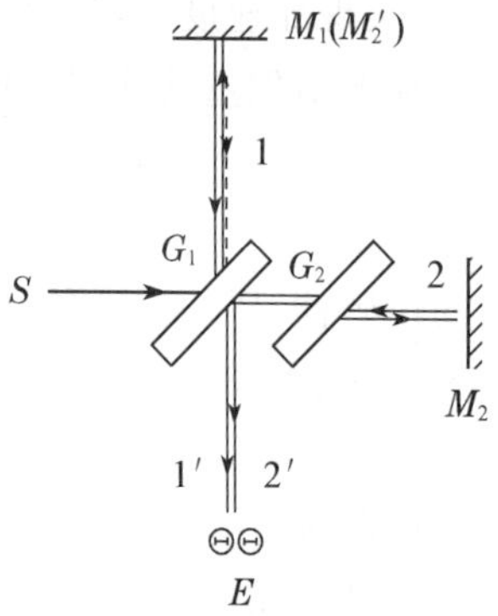

图 2-7-1　迈克尔逊干涉仪的实验原理图

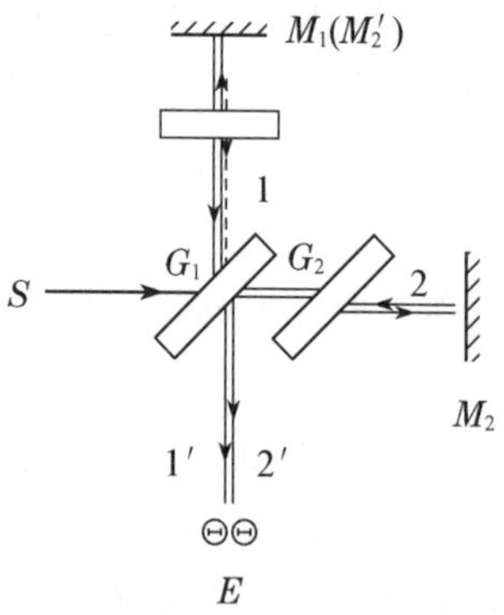

图 2-7-2　放入比色皿的实验原理图

将比色皿置于 G_1 与 M_1 间，如图 2-7-2 所示，在比色皿中放入高温液体，在 E 处观察高温液体每下降 1 ℃时干涉条纹的吞吐情况，吞吐变化数为 ΔN，则

$$\Delta n=\frac{\Delta N\lambda}{2d} \tag{2-7-2}$$

式中：$\lambda=632.8\ \text{nm}$，d 为 17 mm，Δn 为温度每降低 1 ℃液体折射率改变情况，ΔN 为液体每降低 1 ℃干涉条纹的吞吐变化数。

Sense-it 是一款包含加速度、磁场、光、重力等传感器的公开软件，具有较高的灵敏度，Sense-it 光传感器界面图如图 2-7-3 所示。

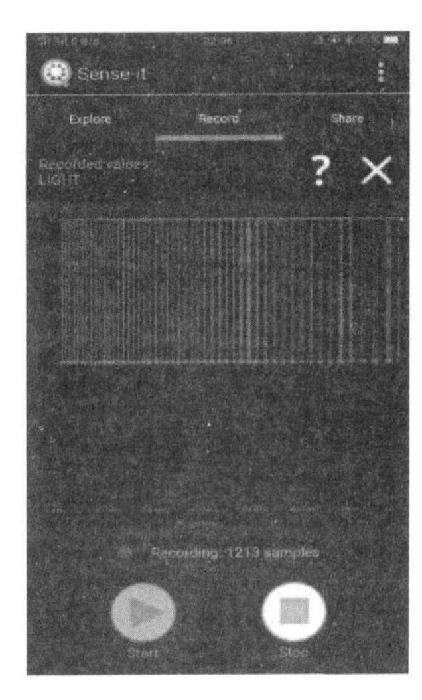

图 2-7-3　sense-it 界面

本例设计用 Sense-it 软件中的光传感器作为迈克尔逊干涉仪干涉条纹吞吐变化记录工具，将 E 处换成安装了 Sense-it 的手机，打开 Sense-it 界面选中“LIGHT”，将手机光传感器对准迈克尔逊干涉仪所得的干涉条纹的中心，通过“Record”，点击“Start”开始记录，就可以在手机屏幕上进行数环。

Sense-it 数环界面图如图 2-7-4 所示，一个周期的波形(类似于矩形波)表示一个干涉条纹的吞或吐变化，从该界面可快速精确读出环数变化。

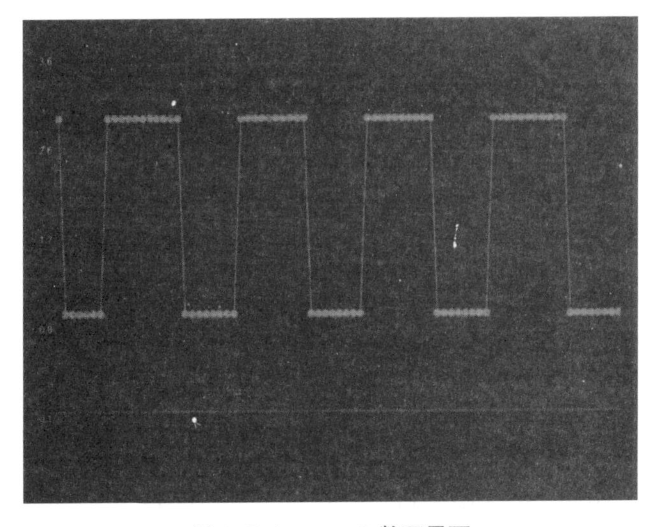
图 2-7-4　sense-it 数环界面

3. 实验平台的搭建及测量

本设计主要探究利用人眼数环及手机传感器 Sense-it 数环的优缺，按图 2-7-1 组装好实验仪器。首先调节迈克尔逊干涉仪得到干涉条纹，按图 2-7-2 将装有高温蒸馏水的比色皿放在与 M_1 平行处，并插入数字式温度计，27 ℃为室温，记录蒸馏水从 40 ℃下降到 27 ℃时，分别利用 Sense-it 和人眼读出温度每降低 1 ℃，相应条纹吞吐数 ΔN。

4. 实验结果及分析

(1) 通过数据表格分析 Sense-it 数环的特点以及精确度。

(2) 以温度(T)为 X 轴，折射率(n)为 Y 轴，用 Origin 软件对用 Sense-it 测得的数据进行拟合，分析液体折射率随着温度的变化关系。

四、基于手机传感器 Sense-it 对蒸馏水折射率与温度关系的探究启发

智能手机的快速发展推进了教育技术的革新，手机内置传感器正改变着广大教师和学生实验手段与思路。用手机光线传感器探究蒸馏水折射率随温度变化关系，sense-it 数环分辨率高，简单快捷，可操作性强，一定程度上 sense-it 手机传感器可以代替人眼直接读数，精确度高并且方便快捷。

以基于手机传感器 Sense-it 对蒸馏水折射率与温度关系的探究举例可知，通过巧妙设计，利用智能手机的光线传感器可以实时记录迈克尔逊干涉仪干涉条纹随时间的变化，从而探究液体折射率与温度关系。从举例中启发，拓展思维，利用迈克尔逊干涉仪不仅可以探究液体折射率与温度的关系，还可以实现光波的波长测量、气体折射率的测量、微小厚度的测量等。我们是否可以借助智能手机的光线传感器辅助迈克尔逊干涉仪实验，从而进行迈克尔逊干涉仪的其他应用研究呢？相信答案就在同学们的设计及实践当中。

本例中，可以得知光线传感器可以实时记录干涉条纹的变化和光强的变化。做进一步的思考和启发，普通物理实验的光学模块中，很大一部分的光学现象和光学实验均与光强判断和测量有关，比如光与距离的关

系、光的偏振实验中消光的判断等，利用光线传感器进行辅助实验、设计实验的思路有很多，期待你逐步开发和设计。

本例只重点介绍了光学方面的传感器之一，即光线传感器应用辅助实验，其他力学、热学、声学、电磁学等方面的传感器应用并未介绍。同样地，利用力学、热学、声学、电磁学等方面的传感器应用于重力加速度、张力系数、声速、磁场等实验有待同学们逐一开发和设计。通过不断的创新设计实验，锻炼动手能力和思维能力，增长见识，成为一名与时代同发展、与祖国发展同步的创新能力强的应用型本科人才。

实验 2.8　光盘光栅常数的简易测量

光栅是利用(多缝)衍射原理使光波发生色散的光学元件,常见的光栅为透射光栅和反射式闪耀光栅。普通物理实验项目主要是对透射光栅作了光栅常数和角色散率的研究,但并未涉及反射式光栅。光盘相当于一维的反射光栅,本实验旨在以实际生活中常用的CD光盘、DVD光盘为实验对象,探究基础实验中没有涉及的反射式闪耀光栅衍射特点及光盘常数的测定,该设计具有一定的实用价值和实际意义。

一、实验要求

1. 了解光的衍射和反射式闪耀光栅,理解为什么光盘可看成反射式闪耀光栅。

2. 自组装光路探究光盘衍射以及测量光盘的光栅常数。

3. 通过实验,撰写一篇关于光盘光栅常数简易测量的论文。

二、光盘结构简介

常见的光盘主要由基板、记录层、反射层、印刷层等组成。其中烧录时刻录信号的地方是记录层,其工作原理是在基板上涂上专用的有机染料或镀膜,以供激光记录信息。在进行烧录时候,直接设计成连续的“坑”,这样有“坑”和没有“坑”的两种状态就形成了“0”和“1”的信号。但是由于烧录前后的反射率不同,由激光读取不同长度的信号时,通过反射率的不断的变化形成“0”与“1”信号,以便读取信息。

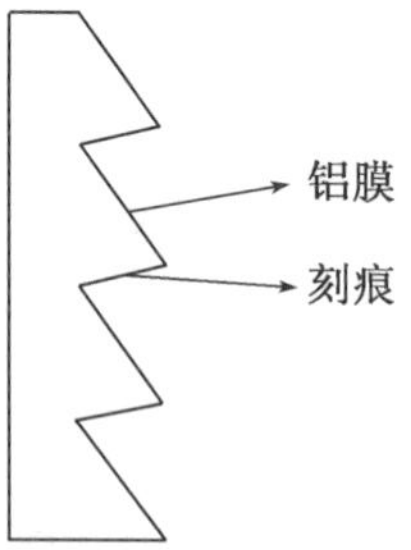

图 2-8-1　反射式闪耀光栅剖面

目前在制作反射式闪耀光栅的工艺上几乎是在基底上镀膜,常见的是在玻璃堆上镀铝膜(玻璃堆能提高反射光的能量),之后在铝膜上刻蚀平行且密集的刻槽，相邻的刻槽间的光滑金属膜上可以反射光，如图 2-8-1 所示。

生活中常见的 DVD 光盘基本结构包括三层：最上一层是保护层或反射层，其次是有凹槽的铝膜，最下面层是较厚的基底，如图 2-8-2 所示。铝膜里面布满许多凹槽，这些凹槽在空间上呈螺旋状周期排列。由于在径向的光道间隔和光栅的光栅常量量级相当，在垂直于径向的方向的凹槽（信息坑）和坑间的平台近似等效于光栅结构，基于光盘的反射面可当作粗制的反射式闪耀光栅使用（图 2-8-3）。

国家工业标准中，生活中常用的 DVD 光盘的光栅常数（2 个相邻螺旋光道的间距）标准约为 0.74 μm，CD 光盘的光栅常数标准约为 1.5 μm。

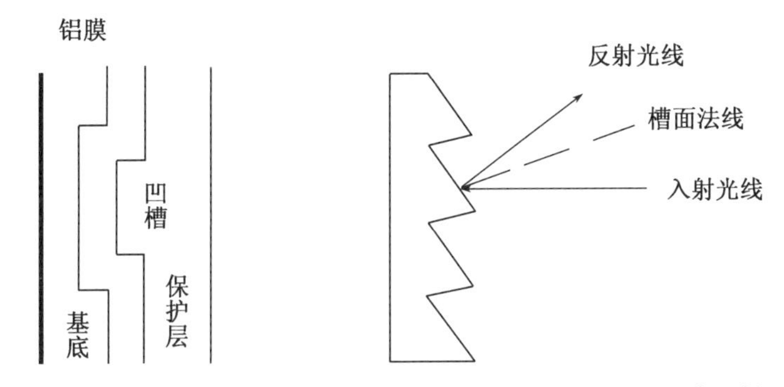

图2-8-2　DVD 剖面示意图　　**图 2-8-3　反射式闪耀光栅垂直入射图**

三、利用激光光栅衍射法测量光盘光栅常数设计举例

1. 实验仪器及材料

He - Ne 激光器、CD 和 DVD 光盘、光具座、标准刻度尺、坐标纸等。

2. 实验设计思路

利用激光光栅衍射法测量光盘光栅常数，如图 2-8-4 所示，通过设计，将光盘、坐标纸（中间有小孔）、激光器固定在光具座上，调节以上仪器，使其共轴等高。使激光通过坐标纸小孔，入射到光盘上，通过调整，让光盘反射光线与零级条纹重合，此时作为接收屏的坐标纸垂直于激光束，衍射条纹均记录于坐标纸上。

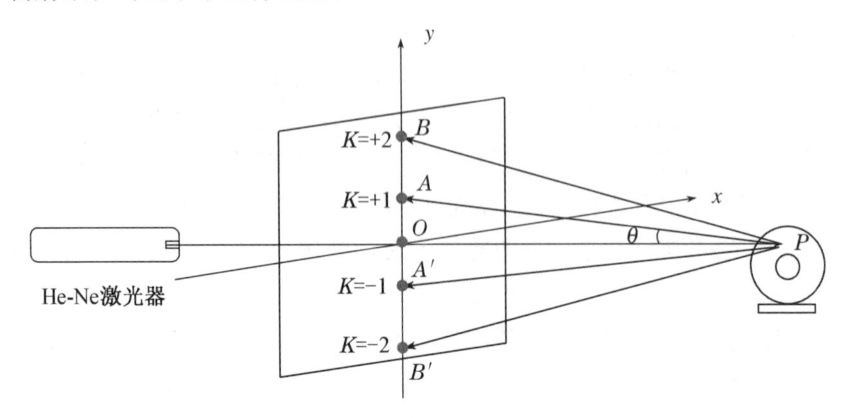

图 2-8-4　激光光栅衍射方法测量光盘光栅常数示意图

利用光具座上的刻度尺或卷尺测量出 $k=0$ 级主极大亮纹到 $k=+1$ 级的距离 OA 及光盘到坐标纸之间的距离 OP，利用三角关系，得到

$$\sin\theta=\frac{OA}{PA}=\frac{OA}{\sqrt{OA^2+OP^2}} \tag{2-8-1}$$

又根据光栅方程

$$d\sin\theta=k\lambda \quad (k=0,\pm1,\pm2\cdots) \tag{2-8-2}$$

可得

$$d=\frac{\lambda}{\sin\theta}=\frac{\lambda\sqrt{OA^2+OP^2}}{OA} \tag{2-8-3}$$

由式(2-8-3)可知，只要知道波长、衍射级次 k、OA 、OP 的数量值就可以计算出光栅常数 d 的值。

3. 参数选择及测量

测量时，选择用 He-Ne 激光作为单色光源，其有相对较好的相干性和平行性(波长为 632.8 nm)。如图 2-8-4 所示，调整光路，使衍射光斑刚好能呈到坐标纸上，精确测量 OP、OA 以测得光盘光栅常数。

改变光盘到坐标纸之间的距离 OP，记下各级条纹到零级条纹之间的距离 OA。通过控制变量法，同一 OP 时，可以对光盘的内圈，中圈，外圈等不同位置的点入射，进行多次测量以提高实验的精确度。

4. 记录实验数据，分析实验结果，撰写论文

四、利用激光光栅衍射法测量光盘光栅常数设计举例启发

光盘是生活中常用的物件，日常生活中常常观察到其衍射现象，从生活中发现物理问题、解决问题，探究生活中常见的物理现象和物理规律是进行普通物理设计性实验创新的源泉之一。

本实验举例中，利用常用的激光光栅衍射法测量光盘光栅常数，其原理简单，操作方便，现象明显，不失为探究生活中常见的光盘衍射现象、简易测量光盘光栅常数的方法之一。从中启发，利用实验室装置和条件，搭建平台，设计实验，探究日常生活中物理现象和物理规律，从而创新。

实验 2.9　透射光栅斜入射的设计

光栅是一种重要的光学元件，广泛应用于光谱仪、光学通讯、激光警告系统、光谱合束技术等领域。因此，光栅衍射规律的探究对工程领域的发展具有重要的意义。光栅衍射实验同时也是大学课堂及实验的重要教学对象，实验教学中针对入射光线垂直入射的情况做了大量的研究，但对光栅在光线斜入射条件下的实验研究涉及不多或没有。本实验旨在进一步设计自组装装置，搭建测量衍射角和光强变化的平台，从而研究透射光栅斜入射特点，补充普通物理基础实验项目（光栅正入射），进一步加深对透射光栅衍射的认识。

一、实验要求

1. 了解光栅斜入射的原理。
2. 设计光栅斜入射的实验方案。
3. 通过实验，撰写一篇关于光栅斜入射相关课题的论文。

二、实验原理

衍射光栅是一种基于多缝衍射原理使光发生色散的具有空间周期性结构的分光元件，它由大量等宽、等距，相互平行的狭缝构成。由于其基质材料不同而有透射光栅和反射光栅两类。实验室常用平面透射光栅探究光栅正入射的特点，透射光栅一般是用金刚石平面玻璃上刻蚀而成的周期狭缝，其透光和不透光的宽度分别为 a 和 b，a 和 b 之和即周期结构的大小，称为光栅的光栅常数。

根据夫琅禾费衍射理论，当一束平行光垂直入射到透射光栅时，如图 2-9-1 所示，光通过每条狭缝均发生衍射，满足光栅方程

$$d\sin\theta=k\lambda \quad (k=0,\pm1,\pm2\cdots) \tag{2-9-1}$$

式中：λ 为单色光的波长，θ 为衍射角（衍射光与光栅平面法线之间的夹角），k 为衍射光谱的级次，d 为光栅常数，它的倒数 $1/d$ 叫作光栅的空间频率。

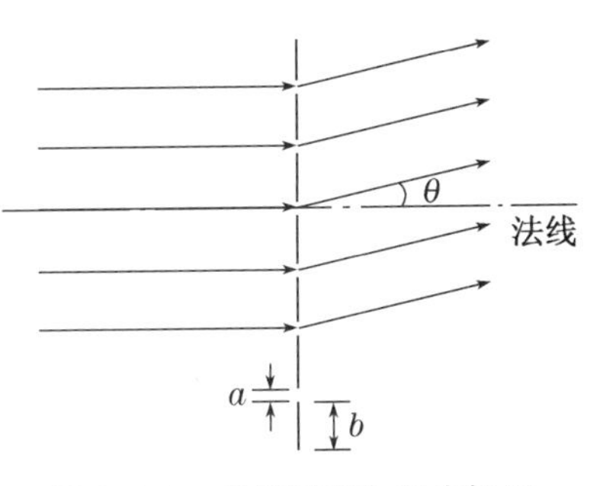

图 2-9-1　光线垂直入射光栅图

当平行光斜入射透射光栅时，如图 2-9-2 所示，满足方程

$$d(\sin\theta \pm \sin\alpha) = k\lambda \tag{2-9-2}$$

式中：α 是光栅斜入射的角度，即入射光与透射光栅平面法线之间的夹角。其中入射光和衍射光在法线同侧时，“±”为“+”；入射光和衍射光在法线异侧时，“±”为“−”。

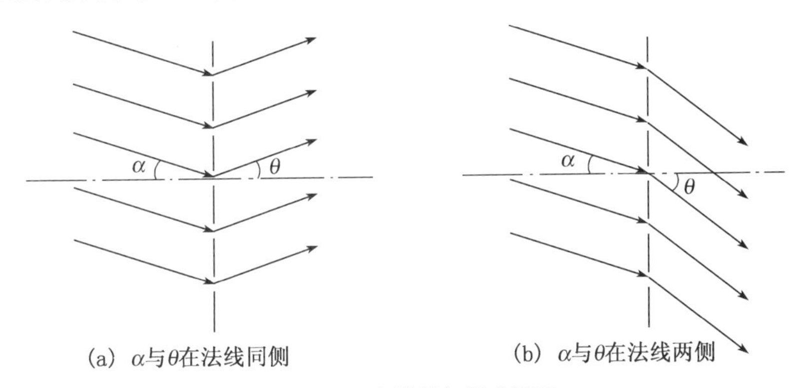

图 2-9-2　光线斜入射光栅图

由斜入射方程光栅可得衍射角

$$\theta = \arcsin\left(\frac{k\lambda}{d} \pm \sin\alpha\right) \tag{2-9-3}$$

级次的位置

$$k = \frac{d(\sin\theta \pm \sin\alpha)}{\lambda} \tag{2-9-4}$$

由此可知，在入射角 α 确定的情况下，同一级次的衍射角不同，在入射波长 λ 确定的情况下，级次 k 由入射角、衍射角共同决定。

光栅衍射条纹的亮线位置由多光束干涉的光栅方程决定，但亮线强度要受到单缝衍射的制约，光栅衍射的光强分布满足

$$I=I_0\frac{\sin^2 u}{u^2}\frac{\sin^2 Nv}{\sin^2 v} \tag{2-9-5}$$

式中：$v=(\pi d\sin\theta)/\lambda$，表示单缝衍射光强，从式中可知，光强和入射角和衍射角均有关。

三、自组装仪器研究光栅斜入射举例

1. 设计思路

根据夫琅和费衍射特点，设计图如图 2-9-3 所示，利用光学导轨，设计 He－Ne 激光光源、可调狭缝、透射光栅和自主改装的半圆刻度盘组合、接收屏共轴等高的实验平台以研究光栅斜入射的特点。

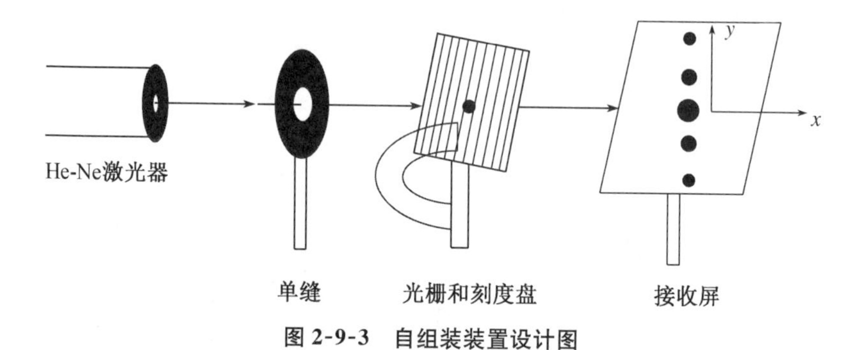

图 2-9-3　自组装装置设计图

将透射光栅和自主改装的半圆刻度盘组合，并利用该装置简易巧妙地对光栅斜入射的角度进行测量，如图 2-9-4 所示。光栅底部的半圆刻度盘指针代表光栅的法线方向(指针方向始终垂直光栅)，令刻度盘不动，沿顺时针方向旋转光栅 α 度(即入射角为 α)，在刻度盘上读出的角度是 β，则

$$\alpha=|90°-\beta| \tag{2-9-6}$$

通过半圆刻度盘即可简易并精确测量出入射角。

2. 实验实施

利用图 2-9-3 自组装装置搭建实验平台，调节各元件共轴等高，打开光源，选择合适狭缝宽度，以便调节激光垂直入射并保证 He－Ne 激光器

图 2-9-4　透射光栅和自主改装的半圆刻度盘组合实物图

的激光宽度完全不受阻挡的通过。旋转光栅一个角度以改变光栅斜入射角度，用 Digital Lux Meter 测量光栅衍射图样中主最大和次最大的光照强度，并在白屏图纸上记录不同斜入射角度下的衍射图样。如图 2-9-5 所示，当激光入射到透射光栅上，记录各个级次的条纹即衍射图样，此为入射角 α 为 45°时的衍射图片。

图 2-9-5　斜入射光栅衍射图

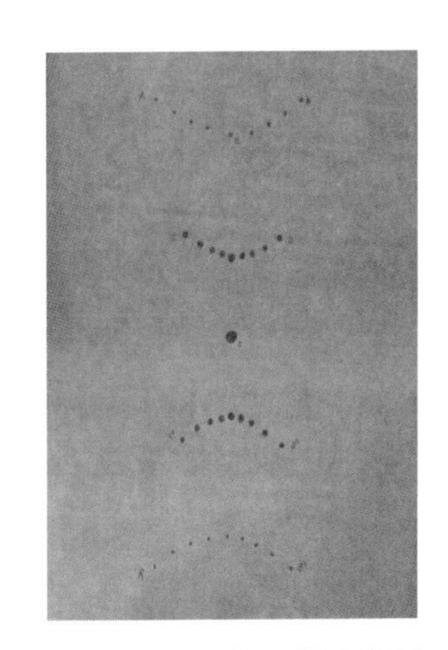

图 2-9-6　衍射图样实物图

3. 实验结果分析

用白纸手工记录了不同斜入射角度下衍射图样，如图 2-9-6 所示。

基于图 2-9-6,用计算机 GSP5en 软件精确描绘该衍射图样,如图 2-9-7 所示。利用图 2-9-7 即衍射图样 GSP5en 模拟图作出相应轨迹图,如图2-9-8 所示。

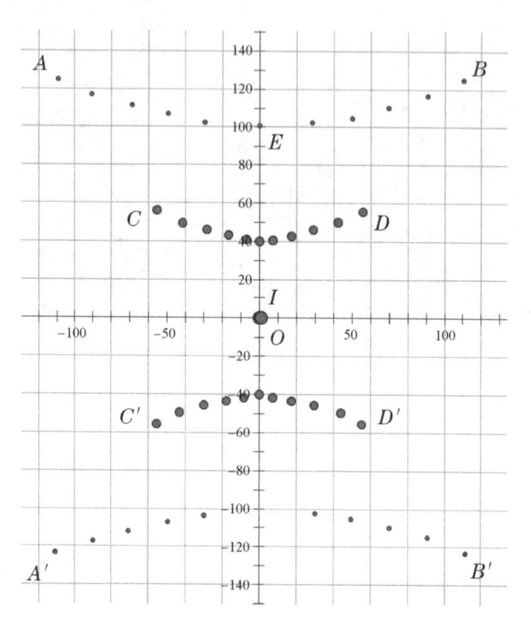

图 2-9-7 衍射图样 GSP5en 模拟图

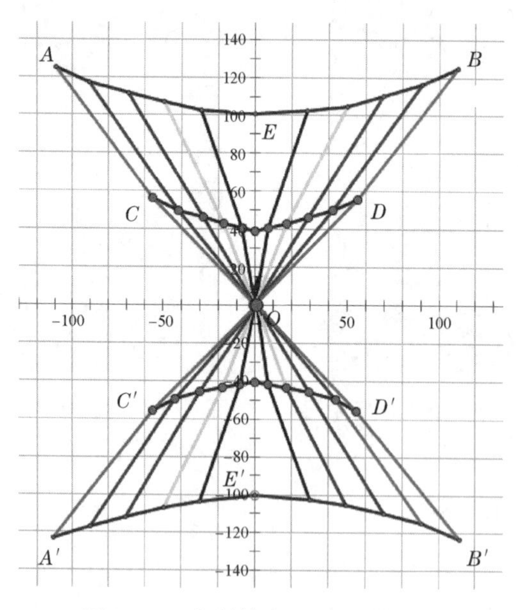

图 2-9-8 衍射轨迹 GSP5en 模拟图

在图 2-9-6 中，圆点代表衍射亮斑。图 2-9-7 的最大圆点，较大圆点，最小圆点分别为零级（O 处）、±1 级亮斑（图中 CD 所在的曲线是+1 级，$C'D'$ 所在的曲线是−1 级）和±2 级亮斑（图中 AB 所在的曲线是+2 级，$A'B'$ 所在的曲线是−2 级）衍射图样。

如图 2-9-8 所示，入射角 α 为 0°时（垂直入射），零级、±1 级、±2 级亮斑即三个级次的轨迹是一条直线（EE'）。当光栅斜入射时，即入射角 α 不为 0°时，y 轴依次向外即黑色、绿色、蓝色、紫色、灰色曲线分别代表 15°、30°、45°、60°、75°的轨迹。从图中可看出，无论入射角如何变化，最大位置（零级亮斑）几乎不偏移；而±1 级亮斑、±2 级亮斑的位置随着入射角的变化而变化，随着入射角的增大，竖轴两面的轨迹弯曲程度也随之增大。

五、自组装仪器研究光栅斜入射举例启发

光栅斜入射重点是如何组装并精确测量斜入射角度，记录不同斜入射角度时的衍射光斑，学会从衍射图样中分析光栅入射时衍射角和级次的变化。自组装仪器研究光栅斜入射举例中，创新点之一是利用光学导轨、数学中常用的半圆刻度盘等搭建了简易测量光栅斜入射的平台，实验简便，现象明显；第二，利用软件科学处理数据使衍射级次的变化规律准确形象，提高实验结果分析的准确度和深度。

从自组装仪器研究光栅斜入射举例中启发，夫琅和费衍射理论是本设计的依据，而用计算机 GSP5en 软件处理数据是实验的“升华”。实验探究中，物理理论是物理实验的基础，计算物理是物理实验的助力。掌握物理理论，创新物理实验，学会计算物理是物理人的三项技能，物理实验不单纯是物理实验，会动手只是其中一部分。普通物理实验设计、探究是一项综合的长期工程，要和物理理论、计算机等相结合，认真思考、积极创新。

实验 2.10　计算机虚拟仿真物理实验探究

传统的教学、实际的物理实验中，常会遇到一些枯燥的抽象概念和规律、研究对象不易获取、实验参数不易控制、实验器材缺乏或昂贵、存在一定危险的实验等相应问题。通过虚拟仿真软件能提供近似真实的实验情境，仿真的实验器材，可自由设置参数，当改变实验参数时，可发生精确的实验变化，产生真实的实验效果，便于师生的实践操作。学生利用软件提前预习，自主设计实际实验中参数不易控制的实验，补充实际实验中学生自主体验实验过程，促进学生的自主学习推动学生的自主探究；教师利用软件演示科学实验，通过动画、图片、表格等方式呈现学习内容，使教学内容更加直观化，从而激发学生的学习兴趣。

一、实验要求

1. 了解几种常见的物理实验仿真软件。

2. 学会利用仿真软件对物理问题进行仿真设计和实验。

3. 针对某一物理问题或实验，通过仿真软件设计或编程，仿真实验，分析实验结果，撰写一篇关于物理仿真实验的论文，阐述相比实际实验的异同、优缺。

二、几种常见的物理实验仿真软件简介

虚拟实验软件以其逼真、准确、交互性强的特点，将信息技术与科学课程实验教学高度整合，为弥补传统实验教学不足提供了广阔的空间。

PhET(The Physics Education Technology)仿真教学软件是科罗拉多大学开发的一组仿真互动虚拟实验软件，包括物理、化学、生物、地理以及数学等科目，基于 Java 和 Shockwave、Flash 等技术开发，其官方网站(http://phet. colorado. edu/)上供用户免费下载仿真项目使用，并在全球范围展开应用推广和教学效果研究，已有不少国家和地区参与其中并

进行软件的本地语言化，其中，PhET 的汉化版链接为 https://phet.colorado.edu/zh_CN/。

Matlab 是美国 Mathworks 公司于 20 世纪 80 年代推出的大型数学软件，通过多年的升级换代，现在已发展成为集数值计算、符号计算、仿真、科学可视化功能以及诸多的工具箱为一体的大型科学计算软件和标准语言，广泛应用于科研院所、工程技术等各个部门，成为当今大学生必备的工具软件之一。

LabVIEW 是一种程序开发环境，具有强大的信号收集、信号产生、图像采集、数据分离、存储和显示等功能。它可以充分发挥计算机的计算能力，模拟仿真出功能强大的实验仪器，可以轻松实现虚拟信号发生器、示波器、万用表、数据记录仪等功能，并可以模拟仪表盘。常应用于工业、学术和实验教学，利用它可以方便建立自己的虚拟仪器，仿真在实际的实验中不容易操作、实验参数不好控制的物理实验。

三、基于 PhET 仿真伏安法测电阻实验举例

1. 设计构思

伏安法测电阻实验中，电压表、电流表的内阻为相对固定的参数，由于实验条件的限制，探究不同内阻的电表对于实验的误差影响存在一定的困难。PhET 软件主要是研究仿真技术如何改进物理及其他理科教学，通过趣味互动帮助学生理解生涩难懂的概念以及蕴藏的数理关系，提高学生学习的兴趣，通过仿真设计、形象动画探究物理现象和物理规律。因此，它在同类软件中更具优势，现以物理学科中利用 PhET 仿真软件中电路组建实验的直流虚拟实验室项目加以举例说明。通过该项目搭建伏安法测电阻平台，灵活自由地改变电表内阻阻值，探究不同内阻条件下，伏安法测电阻的实验误差，以及内接法和外接法测量电阻的精确度，从而科学选择仪器和测量方法，达到优化测量电阻的目标。

2. 实验原理

电流表的内接法示意图如图 2-10-1 所示，电流表和待测电阻在电压表测量端之内，由于电流表具有一定的内阻，存在一定的分压作用，导致

待测电阻的电压偏大，根据欧姆定律

$$R=\frac{U}{I} \tag{2-10-1}$$

测量值比待测电阻实际值增大了，由此带来系统相对误差

$$E=\frac{R-R_x}{R_x}=\frac{R_A}{R_x} \quad (R_x\text{ 为电阻实际值}) \tag{2-10-2}$$

电流表的外接法如图 2-10-2，电流表接在电压表测量端之外，由于电压表并不是理想电表，内阻并不是无穷大，存在一定分流作用，导致待测电阻的电流偏大，则测量值比待测电阻实际值减小了，由此带来系统相对误差

$$E=\frac{\frac{U}{I}-R_x}{R_x}=\frac{1}{1+\frac{R_v}{R_x}} \quad (R_x\text{ 为电阻实际值}) \tag{2-10-3}$$

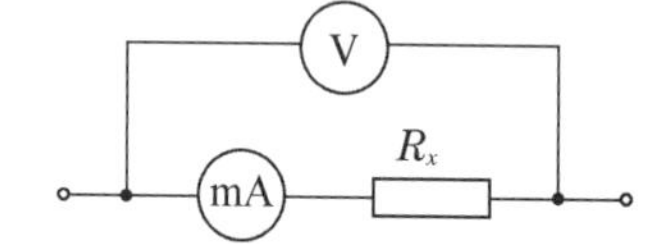

图 2-10-1　电流表的内接法示意图

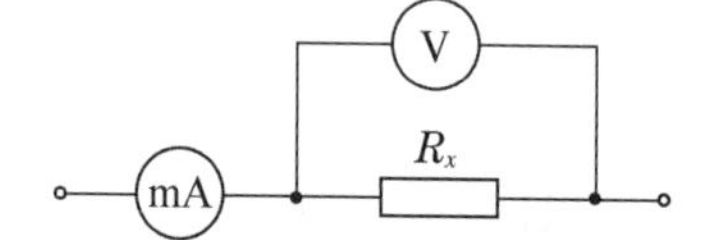

图 2-10-2　电流表的外接法示意图

由此可知，电表的内阻一定程度上会影响实验的精确度，量化地探究不同大小的内阻对实验产生的影响具有一定的实验价值和意义。

3. 仿真实验

在 https://phet.colorado.edu/zh_CN/网站上打开电路组建实验。直流虚拟实验室项目，弹出如图 2-10-3 所示的界面。在界面左上方选择电源、导线、电阻等所需元器件，在中央蓝色背景区构建搭建内接法测电阻电路图，如图 2-10-4 所示，利用右侧的“电流表”和“电压表”进行测量，点击相应的元器件，拖动鼠标可改变电源电压、电阻的阻值。对于电压表的内阻，通过和理想的电压表并联的电阻的参数设定，从而改变电压表的内阻，如图 2-10-4 所示，电压表的内阻设置为 10 000 Ω；对于电流表的内阻，通过和理想的电流表串联的电阻的参数设定，从而改变电流表的内阻，如图 2-10-4 所示，电流表的内阻设置为 5.0 Ω。

图 2-10-3　PhET 直流虚拟实验室项目界面

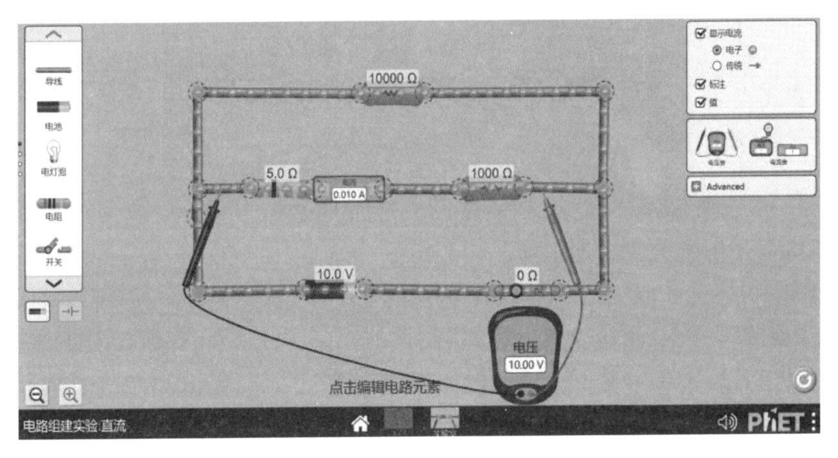

图 2-10-4　PhET 仿真内接法测电阻电路图

以电流表的内接法测电阻为例,设置待测电阻真实值为 1 000 Ω,设置电流表内阻分别为 0.5 Ω、5 Ω、10 Ω 时,改变电源,通过电压表、电流表读出待测电阻两端的电压和流过电阻的电流值,记录数据于表 2-10-1。同样地,待测电阻真实值为 100 Ω 时,读出相应的数据记录于表 2-10-1。

表 2-10-1　PhET 仿真内接法测电阻数据表(数据示例)

待测电阻	电表读数			
	U/V	I_1/A $R_A=0.5\ \Omega$	I_2/A $R_A=5\ \Omega$	I_3/A $R_A=10\ \Omega$
$R_{真}=100\ \Omega$	10.00	0.10	0.10	0.09
	20.00	0.20	0.19	0.18
	30.00	0.30	0.29	0.27
	40.00	0.40	0.38	0.36
	50.00	0.50	0.48	0.45
$R_{真}=1\,000\ \Omega$	10.00	0.010	0.010	0.010
	20.00	0.020	0.020	0.020
	30.00	0.030	0.030	0.030
	40.00	0.040	0.040	0.040
	50.00	0.050	0.050	0.050

4. 实验结果分析

利用 Origin8.0 对表 2-10-1 待测电阻真值为 100 Ω 的数据，采用作图拟合分析求斜率。当电流表内阻分别为 0.5 Ω、5 Ω、10 Ω，拟合图分别如图 2-10-5、2-10-6、2-10-7 所示，从图中可知，当电流表内阻分别为 0.5 Ω、5 Ω、10 Ω，电阻的测量值分别为 100 Ω、105.2 Ω、111.1 Ω，计算其测量误差分别为 0%、5.2%、11.1%，即电流表内阻越大，相对误差越大，不同内阻下，测得的 $U-I$ 对比图如图 2-10-8 所示，内接法测量值整体偏大，这是系统误差，这是由于电流表不是理想电表带来的，电流表内阻越大，斜率越大，测量值越大。

当待测电阻为 1 000 Ω，从表 2-10-1 的数据可知，当电流表内阻分别为 0.5 Ω、5 Ω、10 Ω，测量的 $U-I$ 数据完全没有变化。表明当测量值远远大于电流表内阻时，电流表内阻对测量结果造成的误差可以忽略不计，当待测电阻远远大于电流表内阻时，宜用电流表内接法。

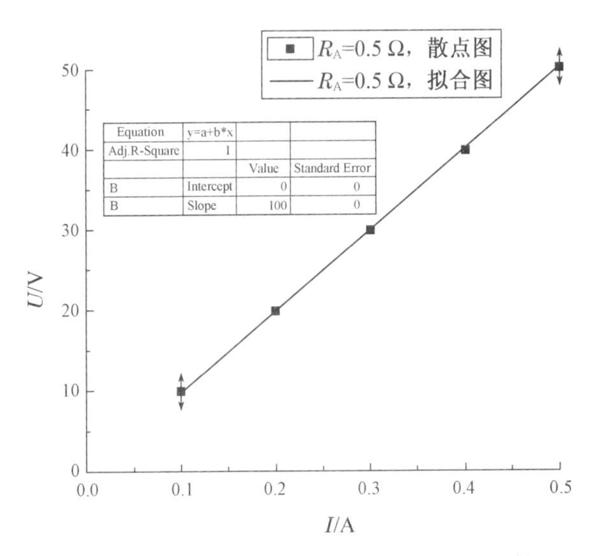

图 2-10-5　内接法测电阻图(内阻为 0.5 Ω 时)

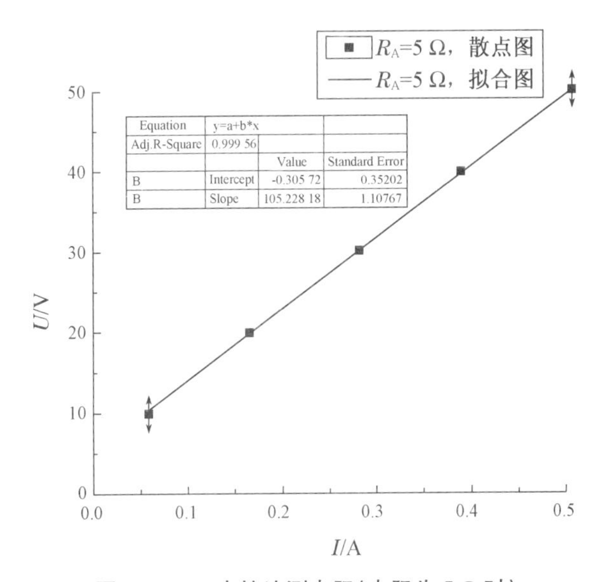

图 2-10-6　内接法测电阻(内阻为 5 Ω 时)

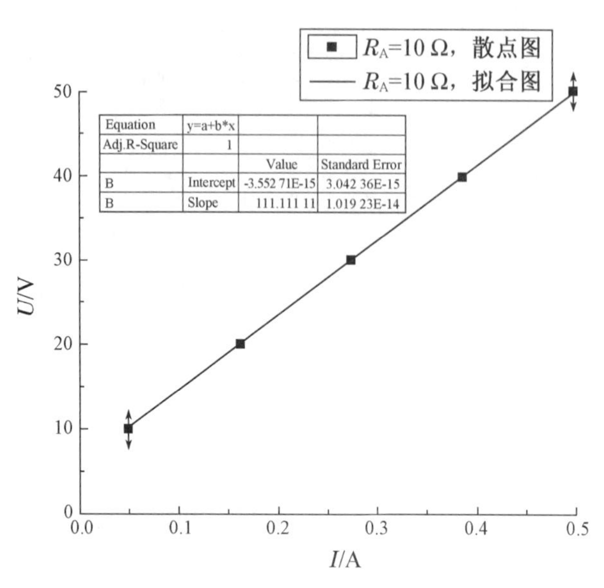

图 2-10-7　内接法测电阻(内阻为 10 Ω 时)

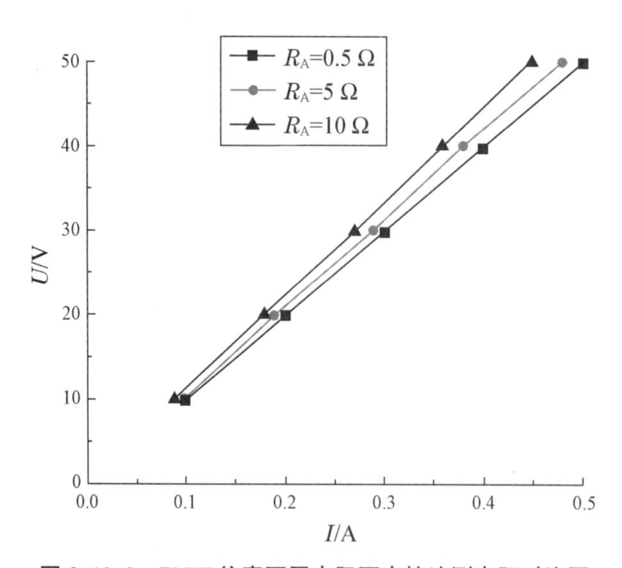

图 2-10-8　PhET 仿真不同内阻下内接法测电阻对比图

四、基于 Matlab 仿真非线性单摆举例

1. 设计构思

单摆作为大学物理实验的常用器材，当单摆在摆角大于 5°时，所作的运动并不是简谐振动。但实际实验中，单摆会受到空气阻力的影响，摆角的测量存在一定的测量误差，探究单摆在摆角大于 5°时的运动规律存在一定的难度和误差。而 Matlab 这个强大的数学软件，计算任意摆角下单摆运动周期的精确解，以消除摆角问题带来的误差。同时利用该软件，仿真出大摆角时单摆的运动情况，丰富了单摆的研究，为单摆实验的拓展提供了一定理论基础。

2. 实验原理

单摆摆角大于 5°时，根据单摆的动力学方程

$$mgl\sin\theta = ml^2\frac{d^2\theta}{dt^2} \tag{2-10-4}$$

可得

$$T = T_0\left[1+\left(\frac{1}{2}\right)^2\sin^2\frac{\theta}{2}+\left(\frac{1\cdot 3}{2\cdot 4}\right)^2\sin^4\frac{\theta}{2}+\cdots\right] \tag{2-10-5}$$

通过分析可知，单摆摆角大于 5°时，单摆周期 T 和角位移 θ 的关系是非线性关系，即为非线性单摆。

3. 编程仿真

基于非线性单摆的原理，对单摆周期 T 与 θ 的关系进行编程，利用 Matlab 计算软件，以摆角为横轴(弧度为单位)，周期为纵轴，利用绘图函数 polt (x , y) 绘制出摆角下单摆周期的精确解的曲线，如图2-10-9所示。

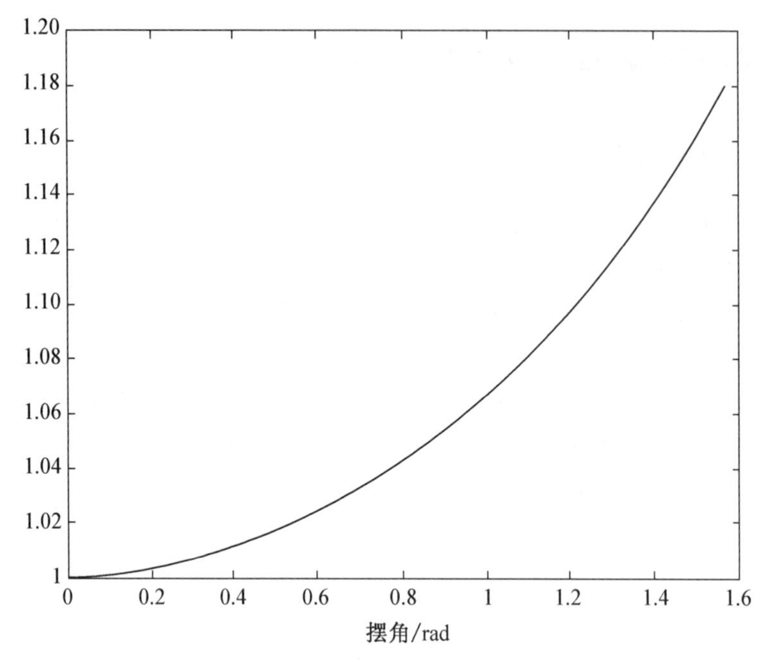

图 2-10-9　非线性单摆模拟仿真

程序如下所示：

```
a=0;
b=pi/ 2;
n=1000;
s1= 1: n;
h= ( b—a) / n;
h1= pi/ ( 2 * n) ;
c= 0: h1: pi/ 2
x= a;
s= 0;
for i1= 1: ( n+ 1)
f0= 2/ sqrt ( 1—( sin( c( i1) / 2) ) ^2 * ( sin( x ) ) ^2) / pi;
for i2= 1: n
x= x+ h;
f1= 2/ sqrt ( 1—( sin( c( i1) / 2) ) ^2 * ( sin( x ) ) ^2) / pi;
s= s+ ( f0+ f1) * h/ 2;
f0= f1;
```

```
end
disp( 1/ s) ;
s1( i1) = s;
s= 0;
end
plot( c,s1) ;
xlabel( 'theta0/rad' ) ;
ylabel( 'T/T0' ) ;
```

4. 实验结果分析

仿真结果如图2-10-9所示，随着摆角的增大，单摆的运动周期与比值越来越大，即单摆运动的周期随着摆角增大而急剧增加，而不是线性增加。

五、基于LabVIEW仿真牛顿环举例

1. 设计构思

在实际的牛顿环实验中，在平凸透镜与平板玻璃间充入液体、气体(空气除外)或固体存在一定的操作困难。因为液体或气体(空气除外)膜有一定的流动性，气体或有些液体在空气中会有一定程度的挥发，有些介质会对玻璃有一定腐蚀性，所以调出液体介质下的清晰牛顿环现象存在一定程度的现实困难。而LabVIEW理想地解决了这一难题，它可模拟不同液体膜下的牛顿环装置，设置不同的实验参数，直观形象地呈现不同液体介质下的牛顿环，定性和定量得到不同介质下牛顿环结果。

2. 实验原理

在平板玻璃上放置一平凸透镜(凸面与平板玻璃接触)，平板玻璃和平凸透镜的接触之间就会构成一层很薄的空气薄膜，用单色光垂直照射牛顿环装置，入射光在空气薄膜的上下表面反射相遇产生干涉现象。随着空气层逐渐增厚，出现以接触点为中心的一组同心且明暗相间的圆环，即牛顿环，这一现象即为等厚干涉现象。当平板玻璃和平凸透镜之间充入液体介质，则会构成一层很薄的液体薄膜，其中暗条纹半径满足

$$r_k=\sqrt{\frac{kR\lambda}{n}}, \quad k=0,1,2,3\cdots \tag{2-10-6}$$

式中:k 为牛顿环的级次;n 为介质折射率;R 为曲率半径;λ 为入射光波长。

干涉条纹的光强

$$I=4I_0\cos\left(\frac{\delta(P)}{2}\right)^2, \delta(P)=2ne+\frac{\lambda}{2} \tag{2-10-7}$$

式中:$\delta(P)$为两束相干光的光程差;e 为液体膜的厚度。

3. 编程仿真

首先,通过 LabVIEW 设计虚拟的牛顿环实验仿真的主界面板,如图 2-10-10 所示。面板的编写主要基于牛顿环实验原理,人性化、科学化的设置参数调节按钮,兼具直观形象和使用方便,模拟面板的曲率半径按钮、折射率按钮、入射光波按钮和显示仪所对应的模块框图(图 2-10-11)。

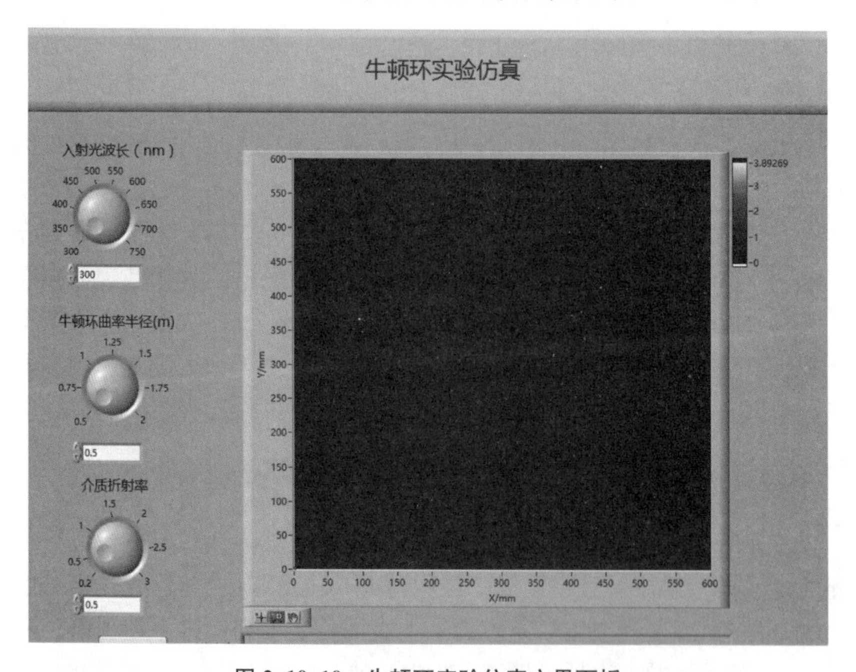

图 2-10-10　牛顿环实验仿真主界面板

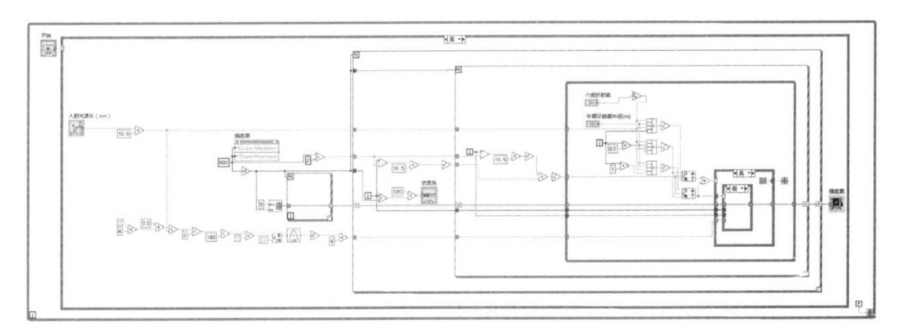

图 2-10-11　牛顿环程序框图

当牛顿环的曲率半径设置为 R=1.5 m，入射光的波长 λ=430.0 nm 时，改变介质折射率旋钮参数分别为空气、二氧化碳、乙醇、甘油，分别如图 2-10-12 至图 2-10-15 所示。

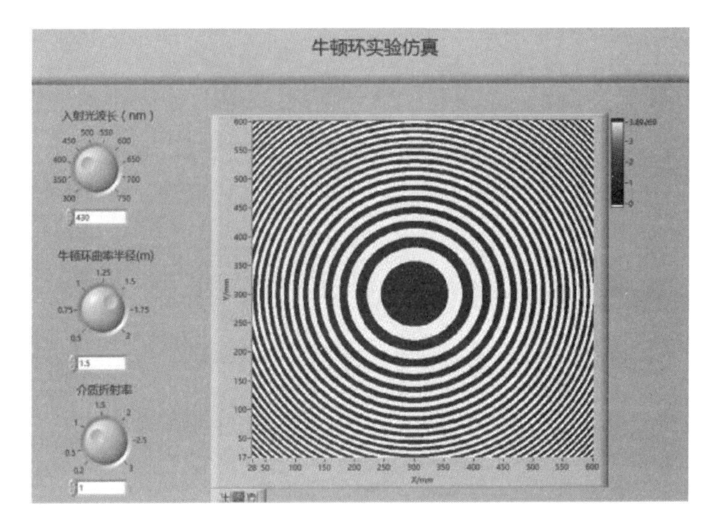

图 2-10-12　介质为空气(n=1.0)牛顿环

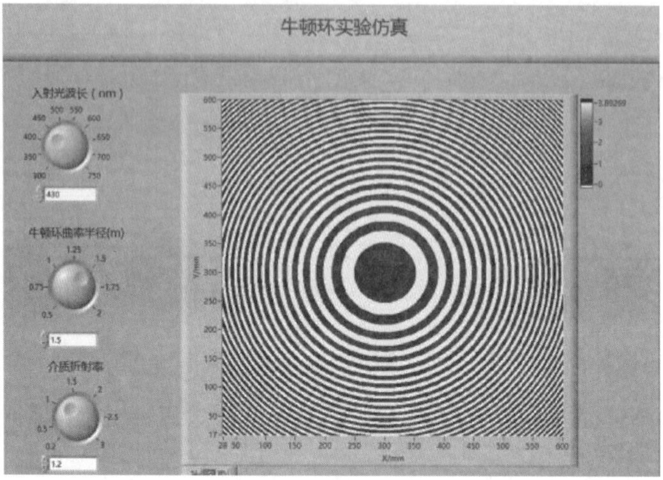

图 2-10-13　介质为二氧化碳($n=1.2$)牛顿环

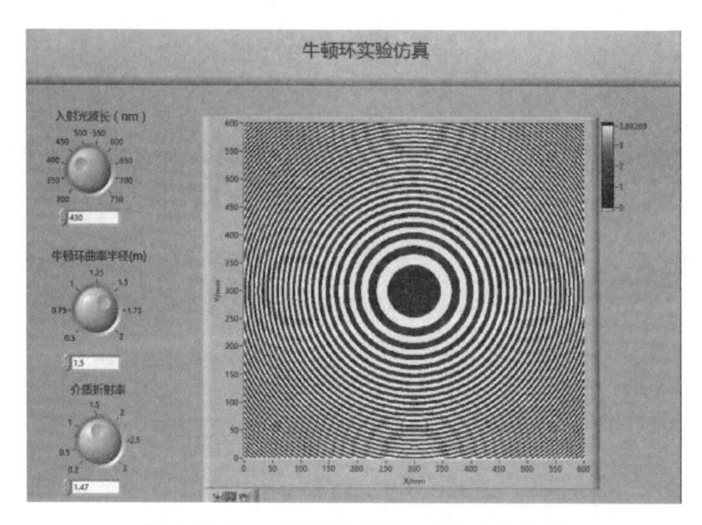

图 2-10-14　介质为乙醇($n=1.36$)牛顿环

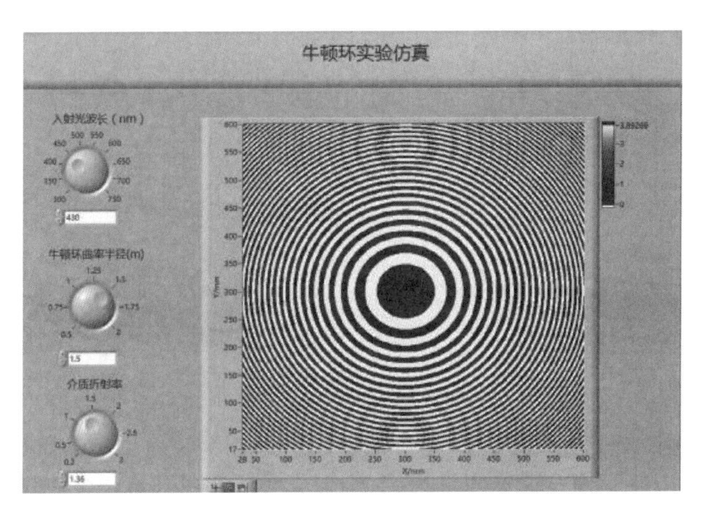

图 2-10-15　介质为甘油(n=1.47)牛顿环

4. 实验结果分析

从 LabVIEW 仿真不同介质下的牛顿环图分析表明：介质折射率对牛顿环存在一定程度的影响，介质折射率的数值越大，干涉条纹的间距越密集。相反地，介质折射率的数值越小，干涉条纹的间距越稀疏。仿真结果和实验原理吻合。

六、设计启发

通过计算机软件模拟仿真物理实验简洁直观，易操作，数据准确。充分利用计算机仿真编程设计、辅助研究大学物理实验中一些难以实现的操作，弥补现实实验中的一些缺点，验证实际实验的可行性，对实际实验的参数提供一定的参考。

实验 2.11　迈克尔逊干涉仪的应用

1881 年美国物理学家迈克尔逊为测量光速，精心设计了一种利用分振幅产生双光束实现干涉的精密光学仪器，利用该仪器，迈克尔逊和莫雷(Morey)合作完成了“以太”漂移实验，否定了“以太”的存在，为相对论提供实验基础。利用迈克尔逊干涉仪测量激光的波长是普通物理实验必做的项目之一，迈克尔逊干涉仪设计精巧、应用范围非常广泛，可以用来观察等倾干涉条纹、观察等厚干涉条纹、测量激光或钠光的波长、测量钠光的双线波长差、观察白光干涉情况、测量光波的相干长度以及测量玻璃的厚度或折射率等。本实验旨在学会利用迈克尔逊干涉仪作进一步的应用设计研究。

一、实验要求

1. 了解光的迈克尔逊干涉仪的实验原理和基本应用。
2. 针对迈克尔逊干涉仪的某一应用，设计可操作性的实验方案。
3. 进行实验，记录数据并分析实验结果，撰写一篇关于迈克尔逊干涉仪应用的论文。

二、实验原理

迈克尔逊干涉仪是利用分振幅法产生双光来实现光的干涉仪器，光路图如图 2-11-1 所示，一束入射光从 S 射入，经过渡有半透膜的分光镜 G_1 分为两束平行光，之后其中一束射向 M_1，经过平面镜 M_1 反射回来，再经过渡有半透膜的分光板 G_1 透射到光屏上；另一束经过补偿板 G_2 照射在 M_2 上，经平面镜 M_2 反射回来，再经过 G_2 的折射和 G_1 的反射之后投射到光屏上。因为这两束光的频率和振动方向相同且相位差恒定不变，满足光的干涉条件，在 E 处能够实现光的干涉。由于 M_2 被 G_1 的镀膜面成(虚)像于 M_2'，而 M'_2 平行于 M_1，故将观察到的干涉条纹看成是

光束经 M_1 和 M_2'反射后形成的，或者认为是 M_1 和 M_2'之间的空气膜产生的。两束相干光的光程差不仅与两束光所走过的几何路程有关，而且还与所走路程上介质的折射率有关，通过改变 M_1 反光镜和虚像 M_2'之间的距离和角度，或在光路中放置固体、液体、气体介质等方式，实现点光源的干涉、等倾干涉、等厚干涉、白光干涉等不同干涉，根据干涉条纹的变化可以用来测量光的波长、相干长度、折射率等物理量。

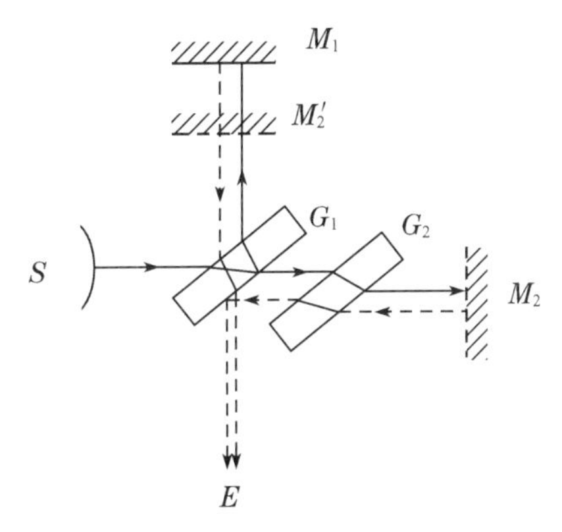

图 2-11-1 迈克尔逊干涉仪光路图

三、迈克尔逊干涉仪应用简介

迈克尔逊干涉仪主要利用分振幅法实现两束相干光干涉，主要应用如下。

1. 利用迈克尔逊干涉仪测量激光的波长

如图 2-11-1 所示，当光源为波长 λ 的激光时，调节 M_1 和 M_2 使其严格垂直，观察屏上将呈现等倾干涉条纹。M_1 反光镜和虚像 M_2'之间的距离减小半个波长，干涉条纹中心就“吞进”一个圆环，两平面反射镜之间的距离增大半个波长，中心就“吐出”一个圆环。只要测出干涉仪中 M_1 移动的距离 Δd，并数出干涉条纹相应的“吞吐”环数 N，就可求出激光的波长

$$\lambda=\frac{2\Delta d}{N} \tag{2-11-1}$$

2. 利用迈克尔逊干涉仪白光干涉测量透明介质(薄膜)的折射率或厚度

调节迈克尔逊干涉仪,M_1 与 M_2'夹角为零度,两束相干光的中心路径差等于零附近时,用白光作为光源,在 E 处调出白光干涉彩色直条纹,记为 M_1 位置 x_1,放置透明玻璃介质于光路中,其厚度为 d,再次调出清晰彩色干涉条纹时记为 M_2 位置 x_2。利用两次的白光干涉条纹的等光程原理,则 M_1 反光镜位置变化的光程就等于放置玻璃片后引起的光程差的变化量,即

$$x_2-x_1=d(n-1) \tag{2-11-2}$$

$$n=1+\frac{x_2-x_1}{d} \tag{2-11-3}$$

测出 d 后,用公式(2-11-3)可计算 n。

同样地,利用白光干涉法,反过来,如果介质折射率 n 已知,则待测透明介质的厚度为

$$d=\frac{x_2-x_1}{n-1} \tag{2-11-4}$$

3. 利用迈克尔逊干涉仪测量光源的相干长度

光源实际发射的光波不可能是无穷长的波列,而是有限长度的波列,由于各波列之间无固定的相位关系,所以各波列之间不会发生稳定的干涉。因此用分振幅法(如用分束镜将一束光分成两束)所形成的两束光只能在波列持续时间内发生稳定干涉,只有当干涉装置中两分光束的最大光程差小于一个波列的长度时,这两束光才能发生干涉。通常把波列持续时间 τ_0称为光源的相干时间,相应波列的长度 L_0 称为相干长度,即

$$L_0=c\tau_0 \tag{2-11-5}$$

在物理学中,光源的相干长度定义为相干光能产生干涉效应的最大光程差,它直接反映着光源单色性的好坏,光源的相干长度越大,相干时间越长,那么光源的时间相干性越好。

光源的相干长度可用迈克耳逊干涉仪测量,如果光源的光谱成分包括两条波长接近的谱线,则会在相干长度以内发生条纹可见度的周期变

化，则光源的相干长度为

$$L_0=\frac{\overline{\lambda}^2}{\Delta\lambda} \tag{2-11-6}$$

式中：$\overline{\lambda}$ 为光源的中心波长；$\Delta\lambda$ 为该光源的两条波长接近的谱线宽度。

以钠光为例，其不是严格的单色光源，它包含两种波长相近的单色光 λ_1 和 λ_2，其谱线宽度为(λ_1,λ_2)，分别对应两组干涉条纹。

利用迈克尔逊干涉仪将钠光分成两束光，如图 2-11-1 所示，在 E 处观察分别经反射汇聚的两束光的干涉条纹，若两束汇聚后的光程差为 Δl，则环心处，

$$\Delta l=2d \tag{2-11-7}$$

式中：d 表示 M_1 与 M_2'之间的气膜厚度，当两束光光程差 $2d$ 等于波长整数倍时，环心为亮纹，而光程差等于半波长的奇数倍时，环心为暗纹。

零光程位置时，即

$$\Delta l=2d=0 \tag{2-11-8}$$

此时，干涉条纹非常清晰。

从零光程位置连续移动动镜 M_1，使 d 逐渐增大，必有一个位置，当气膜增大到 d_1 时，同时满足

$$2d_1=k_1\lambda_1=(k_2+\frac{1}{2})\lambda_2 \quad (\lambda_1<\lambda_2) \tag{2-11-9}$$

式中：k_1 和 k_2 分别为 λ_1 和 λ_2 对应的干涉级次，由于 λ_1 与 λ_2 相差不是很大，这时 λ_1 的各级明纹恰好与 λ_2 的各级暗纹完全重合，因此看不到干涉条纹，此时条纹的可见度最小，由于干涉条纹模糊，视场呈现均匀照明状态。

继续移动反射镜，当气膜厚度增到 d'_1时又使 λ_1 与 λ_2 的各亮条纹重合，条纹可见度甚好，干涉条纹清晰。

随着气膜厚度增到 d_2，又有

$$2d_2=(k_1+\Delta N+1)\lambda_1=[k_2+\Delta N+\frac{1}{2}]\lambda_2 \tag{2-11-10}$$

式中：ΔN 为 λ_2 对应的干涉条纹变化数，由于 $\lambda_1<\lambda_2$，λ_1 对应的干涉

条纹变化数为$(\Delta N+1)$个，这时λ_1的各级明纹再次与λ_2的各级暗纹完全重合，因此看不到干涉条纹，此时条纹的可见度最小，由于干涉条纹模糊，视场再次呈现均匀照明状态。

当气膜厚度增加量

$$2(d_2-d_1)=2\Delta d=(\Delta N+1)\lambda_1=\Delta N\lambda_2 \tag{2-11-11}$$

时条纹可见度就会出现周期循环。换句话说，随着d的增加，λ_1和λ_2对应的两套干涉条纹彼此错开，直到它们相差一级条纹，干涉条纹经历一个清晰－模糊－清晰或一个模糊－清晰－模糊的周期变化，其相干光能产生干涉效应的最大光程差即相干长度L_0

$$L_0=2(d_2-d_1)=2\Delta d=(\Delta N+1)\lambda_1=\Delta N\lambda_2 \tag{2-11-12}$$

则

$$L_0=\frac{\lambda_1\lambda_2}{\lambda_2-\lambda_1}=\frac{\lambda_1\lambda_2}{\Delta\lambda} \tag{2-11-13}$$

当λ_1和λ_2相差很小时，

$$\lambda_1\lambda_2\approx\left(\frac{\lambda_1+\lambda_2}{2}\right)^2=\bar{\lambda}^2 \tag{2-11-14}$$

$$L_0=\frac{\bar{\lambda}^2}{\Delta\lambda}=2\Delta d \tag{2-11-15}$$

因此，通过调节迈克尔逊干涉仪，记录光源形成的干涉条纹由模糊－清晰－模糊一个周期内M_1移动的距离，则利用公式(2-11-15)，则可求出该光源的相干长度。

同样地，对于白光或汞灯等其他光源，记录光源形成的干涉条纹由模糊－清晰－模糊一个周期内M_1移动的距离，利用公式(2-11-15)，也可求出该光源的相干长度。

四、基于迈克尔逊干涉干涉仪和 Matlab 辅助测量透明介质折射率的新方法探究举例

1. 设计原理

两束相干光的光程差与两束光所走过的介质的折射率有关，当在迈

克尔逊干涉仪的 M_1 之前放置玻璃片时，如图 2-11-2 所示，若玻璃片底部装有一体的旋转卡尺，可以利用与玻璃片组合为一体的旋转卡尺转动，带动玻璃片旋转，两者旋转的角度一样，由旋转卡尺旋转的角度方便快捷地读出玻璃片所旋转的角度，当两束光通过旋转的玻璃片时，其光程差发生变化，光屏上的同心圆环同时出现吞或吐的现象。

图 2-11-2 放置旋转卡尺实物图

如图 2-11-3 所示，AB 线是垂直于 M_2 镜面的入射光线，初始时垂直穿过玻璃片，CD 是光线垂直玻璃片的边缘水平线，将玻璃片旋转一定角度，AO 是入射光线，OP 是旋转角度后入射角 i 的法线，G 为光线两次折射的射出点，OG 是折射光线，r 为折射角，$\angle BOG=i-r$，$OK=l$，$OG=s$；空气的折射率约为 $n_0=1$，玻璃片的折射率为 n，根据折射定律和几何关系，玻璃片旋转过 i

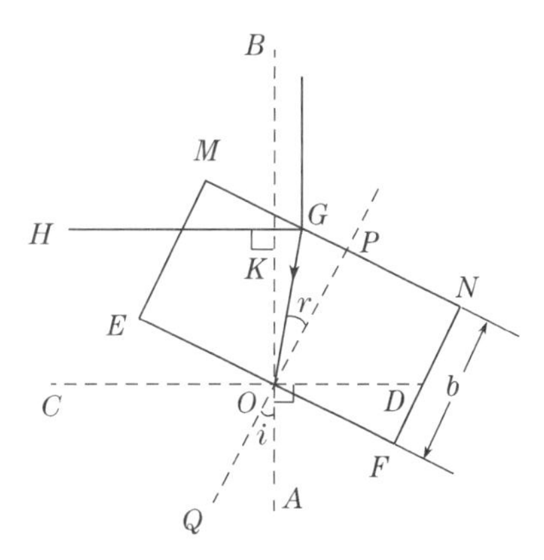

图 2-11-3 旋转法光路图

角度后光程的改变量为

$$\Delta x=2[ns-nb-(l-b)] \tag{2-11-16}$$

只要数出玻璃片旋转的角度 i 时所改变(吞或吐)圆环数 N，就可以计算出光程的变化量，若光源为氦氖激光器，则

$$\Delta x=2\times\frac{N}{2}\times 632.8\times 10^{-6} \tag{2-11-17}$$

即

$$ns-nb-(l-b)=\frac{N}{2}\times 632.8\times 10^{-6} \tag{2-11-18}$$

则对于厚度为 b 的玻璃片，折射率为 n，满足

$$\frac{nb}{\cos(\arcsin(\frac{\sin i}{n}))}-nb-\cos(i-\arcsin(\frac{\sin i}{n}))\frac{b}{\cos(\arcsin(\frac{\sin i}{n}))}+b=\frac{N}{2}\times 632.8\times 10^{-6} \tag{2-11-19}$$

2. 实验过程

(1) 调节迈克尔逊干涉仪

调节干涉仪，使 M_1 和 M_2 严格垂直，在光屏上观察清晰的同心圆环。如图 2-11-1 所示，在 M_1 前放置旋转卡尺和玻璃片的组合体并整体旋转，利用旋转卡尺的转动角度巧妙快速地读出玻璃片的转动角度，玻璃片转动过程中，数出观察屏中干涉条纹吞或吐的变化环数，将数据记录于表 2-11-1 中。

表 2-11-1 透明介质旋转角度与环数(b=4.78 mm)

环数	1	2	3	4	5	平均角度
10	3.3	3.6	3.5	3.6	3.4	3.48

(2) 利用 Matlab 辅助编程求解透明介质折射率

分析表 2-11-1 数据，该透明介质旋转角度为 3.48°(小于 5°)，将式(2-11-19)化简为

$$\frac{nb}{\cos(\frac{i}{n})}-nb-\cos(i-\frac{i}{n})\frac{b}{\cos(\frac{i}{n})}+b=\frac{N}{2}\times 632.8\times 10^{-6} \tag{2-11-20}$$

并将式(2-11-20)改写为零点方程，并编程出 Matlab 程序，分别得到图 2-11-4 和图 2-11-5。

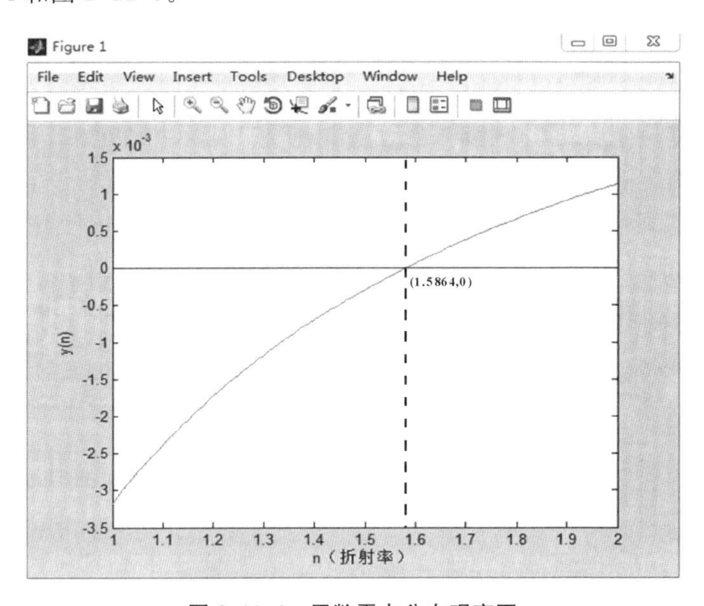

图 2-11-4　函数零点分布观察图

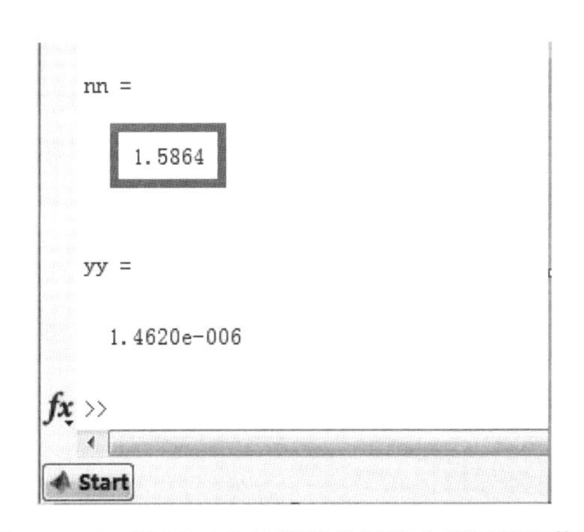

图 2-11-5　用 Matlab 计算出的透明介质折射率截图

(3) 得出结论

为了科学评判基于迈克尔逊干涉仪和 Matlab 辅助测量透明介质折射率的新方法的科学准确性,利用阿贝折射仪测出的玻璃片折射率作为标准值,分析新方法测量的折射率数据的相对误差。

五、实验设计启发

从基于迈克尔逊干涉仪和 Matlab 辅助测量透明介质折射率的新方法探究举例中启发,进一步体会迈克尔逊干涉仪设计的巧妙。通过改变迈克尔逊干涉仪的两束干涉光束的光程差,推导两束光光程差满足的公式从而得到包含微小量、折射率的物理量,利用 Matlab 软件编程处理复杂的公式,科学快速地处理数据。

实验2.12　基于分光计的简易光谱仪设计与应用

复色光经过分光元件(如棱镜、光栅)分光后,被色散开的单色光按波长(或频率)大小而依次排列的图案,全称为光学频谱,简称光谱。按波长区域不同,光谱可分为远红外光谱、红外光谱、可见光谱、紫外光谱、远紫外光谱;按产生的本质不同,可分为原子光谱、分子光谱、固体光谱;按产生的方式不同,可分为发射光谱、吸收光谱和散射光谱;按光谱表观形态不同,可分为线状光谱、带状光谱和连续光谱。

有的物体能自行发光,由它直接产生的光形成的光谱叫作发射光谱。发射光谱可以区分为三种不同类别的光谱:线状光谱、带状光谱和连续光谱。线状光谱主要产生于原子,由一些不连续的亮线组成;带状光谱主要产生于分子,由一些密集的某个波长范围内的光组成;连续光谱则主要产生于白炽的固体、液体或高压气体受激发发射电磁辐射,由连续分布的一切波长的光组成。

由于每种元素都有自己的特征谱线,因此可根据光谱来鉴别物质和确定其化学组成,这种方法被称作光谱分析,其方法灵敏,迅速,选择性好,操作简便,样品损坏少,是分析物质和鉴定物质的重要手段。

分光计的调节是大学物理实验必做的项目之一,分光计是一种精密测量角度的仪器。在分光计的狭缝前放置光源,载物台上放置三棱镜或光栅,构成了一台简单的光谱仪器(棱镜光谱仪或光栅光谱仪),通过分光计的望远镜观察光源的发射光谱,对光源进行简易的光谱分析。

一、实验要求

1. 了解光谱的定义和分类。

2. 选择一种复色光源,利用分光计、三棱镜分光元件,搭建一种简易光谱分析的平台,探究复色光通过三棱镜折射发生色散的原理,观察光源的发射光谱,对复色光进行简易的光谱分析,探究光谱的色散关系;选择生活中常见的光源(如手机屏幕),利用分光计、光栅分光元件,搭建一种简易光谱分析的平台,探究光栅衍射的原理,观察不同手机屏幕、不同模式下的发射光谱,对复色光作简易的光谱分析(二选一)。

3. 观察光源的发射光谱,记录数据并分析实验结果,撰写一篇关于简易光谱分析的论文。

二、实验原理

当发色光入射在两种透明介质分界面上时(入射角不为零),不同波长的光就会按不同折射角折射而散开,这种复色光分解为单色光而形成光谱的现象称为光的色散。

当用三棱镜作为分光元件时,如图 2-12-1 所示,折射面是 AB、AC,毛玻璃面是 BC,三棱镜的顶角是 α。出射光相对于入射光的偏向角为 θ,对于给定的三棱镜,偏向角 θ 随入射角的改变而改变。

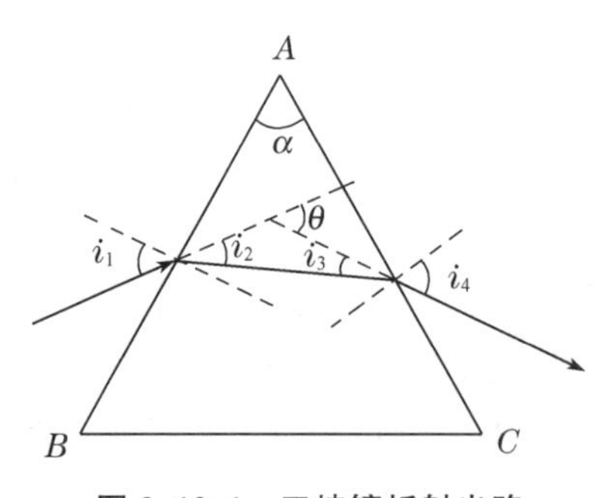

图 2-12-1 三棱镜折射光路

由几何关系可以得出:当 $i_1=i_4$ 时,θ 取最小值,称为最小偏向角,用 $\theta_{\min}$表示。

此时最小偏向角 $\theta_{\min}=i_1+i_4-\alpha=2i_1-\alpha$。

根据图示可得对应的折射率关系式

$$n=\frac{\sin i_1}{\sin i_2}=\frac{\sin\dfrac{\alpha+\theta_{\min}}{2}}{\sin\dfrac{\alpha}{2}} \tag{2-12-1}$$

若实验中测出三棱镜的顶角 α 和不同波长对应的最小偏向角 $\theta_{\min}$,就可以利用式(2-12-1)计算出三棱镜对于不同波长时的折射率。

光栅是利用多缝衍射原理使光发生色散的具有空间周期性结构的光学元件(周期大小为光栅常数),如图 2-12-2 所示,当用光栅作为分光元件时,根据夫琅和费衍射理论,当一束平行单色光垂直入射到光栅平面时,光波将发生衍射。衍射光经透镜会聚后,在透镜的焦平面上形成数条明条纹,称为谱线。各衍射光与光栅平面法线之间的夹角叫作衍射角。每一谱线与其衍射角及级次相对应,满足光栅方程

$$d\sin\theta=k\lambda, k=0,\pm1,\pm2\cdots \tag{2-12-2}$$

式中:d 为光栅常数;λ 为单色光的波长;θ 为衍射角;k 为谱线级次。

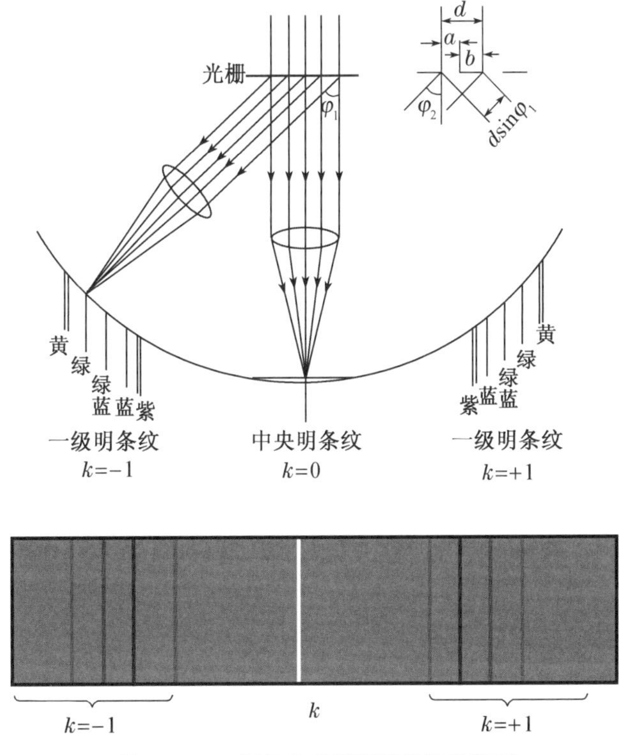

图 2-12-2　复色光光栅衍射光谱示意图

光栅衍射是单缝衍射和多缝干涉的总效果,条纹的亮线位置由多光束干涉的光栅方程决定,但亮线强度要受到单缝衍射的制约。如果入射光为复色光,如图 2-12-2 所示,那么除了零级以外,其他各级谱线的衍射角 θ 都与波长 λ 有关,波长越长衍射角越大。因此复色光经光栅衍射后

将按波长分开，并按波长的大小顺序排列成彩色光谱。波长短的在内侧（即靠近零级明纹），波长长的在外侧。

角色散率 D 为光栅的重要参数。角色散率定义为同一级光谱中，单位波长间隔的两束光被分开的角度，通过对式(2-12-2)微分，即

$$D=\frac{\Delta\theta}{\Delta\lambda}=\frac{k}{d\cos\theta} \tag{2-12-3}$$

对某一级光谱，当衍射角 θ 不大时，光栅的角色散率近似认为是常数，$\Delta\theta$ 与 $\Delta\lambda$ 成正比，即对于任何具有相同波长差的两谱线，其角距离近似相等，这种光谱称为匀排光谱。

三棱镜和光栅对复色光的分光原理不一样，三棱镜的分光原理是折射效应，由于棱镜对于不同的波长有不同的折射率，因此能把不同波长分开，波长越短，偏向角越大，棱镜色散率随波长不同而变化。光栅的分光原理是衍射效应，由于光的衍射与干涉，不同波长通过光栅作用各有相应的衍射角，光栅的波长越短，偏向角越小。三棱镜和光栅产生的光谱图样和分辨率不同，三棱镜分光只有一组光谱，棱镜分辨率随波长变化而变化，在短波部分分辨率较高，光栅分光则产生多组光谱，光栅光谱（匀排光谱）更精细，分辨率更高。

三、汞光谱色散关系探究举例

1. 实验仪器及材料

汞灯、分光计、三棱镜。

2. 设计思路

氢灯、钠灯、汞灯、白炽灯等都是实验室中常用的光源，汞灯发出的光呈银白色，在可见光区分布有四条较亮的特征谱线这种线状的光谱即发射光谱，发射光谱的颜色反映了某些元素的特征，可以推断和分析物质的组成。以汞光谱为例，利用分光计、三棱镜搭建简易的光谱仪，利用分光计的望远镜观察汞光谱的色散现象，通过最小偏向角法，量化地测出汞光谱通过玻璃三棱镜时偏振程度即最小偏向角，并得出三棱镜对于不同颜色的谱线的折射率。

对于一定的介质，折射率是波长的函数，它们之间的函数关系式称为色散公式。当波长减小，介质的折射率逐渐增大，属于正常色散。通常光学材料的色散对波长的依赖关系比较复杂，1836 年 Cauchy 研究了材料在可见光区的折射率，得出折射率和光波长的关系，并给出 Cauchy 色散公式，其适用于对可见光没有吸收的材料。其具体的形式如下（以 nm 为单位）

$$n(\lambda)=A+\frac{B}{\lambda^2}+\frac{C}{\lambda^4} \tag{2-12-4}$$

式中：A、B、C 是和光学材料相关的系数。

色散在不同的光学仪器中发挥不同的作用，本例旨在通过玻璃三棱镜对汞光谱的色散关系探究，分析光的色散的量化关系和规律。

3. 实验实施，记录数据

先调节好分光计，再将三棱镜放置在载物台上，用低压汞灯或高压汞灯照射平行光管狭缝，调节望远镜观察汞灯通过三棱镜后的不同颜色的色散谱线，利用最小偏向角法分别重复测量不同颜色谱线对应的最小偏向角，重复 5 次，求出平均值，记录数据于表 2-12-1 中。通过测量公式(2-12-1)，取顶角 A 为出厂值，即 $A=60°$（出厂值）代入，求出不同颜色的较强的谱线对于三棱镜的折射率，记录数据于表 2-12-1 中。

表 2-12-1　高压汞灯谱线的波长与折射率数据表

谱线颜色	标准波长 λ/nm	最小偏向角 $\bar{\theta}_{\min}$	折射率 n

4. 利用 Origin 软件对汞光谱进行拟合分析，最后得出结论

为了量化分析三棱镜对汞灯的色散关系，基于 Cauchy 色散模型，利用 Origin 软件拟合出不同波长与折射率的关系，得到拟合方程，相关系数越接近 1，说明线性相关程度越高，线性拟合方程较为理想。

四、汞光谱色散关系研究启发

从汞光谱色散关系研究举例中启发，实验的设计创新、探究有很多途径，从装置上创新，从测量方法上创新，从数据处理上创新等。本实验的突破口在于进一步、较深刻地探究传统实验蕴含的规律，善于利用软件科学处理数据，提高实验结果分析的准确度以及实验研究的深度，同时，加强对实验原理和方法等理论和传统知识的理解和思考，探究综合性、研究性的实验。

第3篇

综合设计性实验项目选题

选题 3.1　磁场的测量

纵观电磁学的发展史，从早期对摩擦生电的探索，到18世纪对静电感应、库仑定律等的深入研究，都离不开物理学家对实验现象的设想和规律的探寻。物理学家通过设想设计新的"实验方法或实验装置"，促进电磁感应、磁调制、电磁效应和超导效应等物理现象、物理规律的发现和有效利用，新的实验方法或新的实验装置在磁场测量技术中得到了重大发展，并促进了磁场测量技术的改进和应用。

一、实验要求

1. 了解磁场测量的原理、方法，阅读十篇以上磁场的测量相关论文。

2. 选择一种测量对象，设计一种改进的实验方法以简化操作、减小实验误差，或采用一种新方法(自拟)，或设计一种磁场测量仪测量磁场的分布。

3. 分析实验结果，撰写关于磁场测量的论文，要求有一定创新和深度。

4. 自主设计、自组装实验装置测量地磁场，撰写关于地磁场测量的论文(选做)。

二、实验主要器材

霍尔效应实验仪、磁场测量仪、亥姆霍兹线圈、霍尔元件、磁场传感器等。

三、实验提示

磁场测量是研究与磁现象有关的物理过程的一种重要手段。磁测量技术的发展和应用有着悠久的历史。自16世纪末期就开始利用以磁力为原理的测量方法，而现在广泛使用的是电磁感应法和电磁效应法。目前比较成熟的磁场测量方法有磁力法、电磁感应法、磁饱和法、电磁效应法、磁共振法、超导效应法和磁光效应法等。

1. 电磁感应法测量线圈磁场

1831年，自法拉第发现电磁感应定律后，电磁感应法测量磁场至今仍在应用。

设均匀交变磁场由通交变电流的线圈产生

$$B=B_m \sin \omega t \tag{3-1-1}$$

在磁场中置入一探测线圈，如图3-1-1所示，则其磁通量

$$\Phi=NSB_m \cos\theta \cdot \sin \omega t \tag{3-1-2}$$

式中：N 为探测线圈的匝数；S 为该线圈的截面积；θ 为 B 与线圈法线夹角。

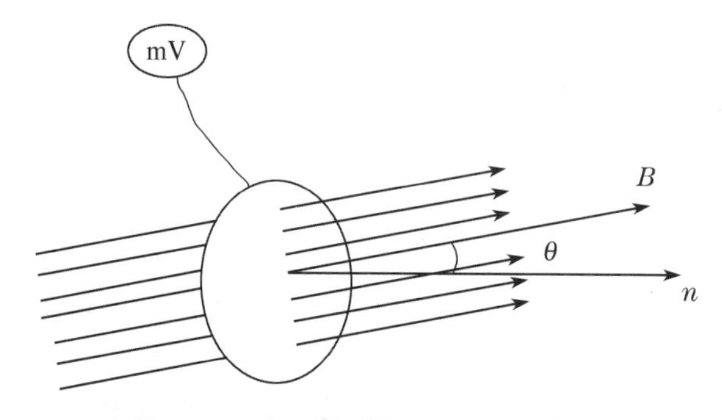

图 3-1-1　探测线圈置于磁场中示意图

由法拉第电磁感应定律，可知，探测线圈产生的感应电动势

$$\varepsilon=-\frac{\mathrm{d}\Phi}{\mathrm{d}t}=-NS\omega B_m \cos\theta \cos \omega t=-\varepsilon_m \cos \omega t \tag{3-1-3}$$

式中：$\varepsilon_m=NS\omega B_m \cos\theta$ 是线圈法线和磁场成 θ 角时，感应电动势的

峰值。

旋转探测线圈，改变探测线圈与磁场的夹角，当 $\theta=0°$时，测得探测线圈中的感应电动势值最大，此时通过探测线圈的磁通量最大，即 $\theta=0°$，$\varepsilon_{max}=NS\omega B_m$，这时的感应电动势的幅值最大。如果用数字式毫伏表测量此时线圈的电动势，则毫伏表的示值（有效值）U_{max} 应为$\frac{\varepsilon_{max}}{\sqrt{2}}$，则磁感应强度最大值为

$$B_{max}=\frac{\varepsilon_{max}}{NS\omega}=\frac{\sqrt{2}U_{max}}{NS\omega} \tag{3-1-4}$$

则由式(3-1-4)可测出磁场的大小。

2. 霍尔效应法测量霍尔元件的磁场

霍尔效应是一种电磁效应，可用于测量磁场，如图 3-1-2 所示，有一 N 型半导体材料制成的霍尔传感器，长为 L，宽为 b，厚为 d，其四个侧面分别各焊有一个电极 1、2、3、4。将其放在如图 3-1-2 所示的垂直磁场（z 轴正方向）中，沿 3、4 两个侧面通以电流 I（x 轴正方向），则电子将沿电流 I 反方向（x 轴负方向）运动，此电子将受到垂直方向磁场 B 的洛仑兹力$\overrightarrow{F_m}$作用，造成电子在半导体薄片的 1 侧积累过量的负电荷，而 2 侧积累过量的正电荷。因此在薄片中产生了由 2 侧指向 1 侧的电场$\overrightarrow{E_H}$，该电场对电子的作用力$\overrightarrow{F_H}$，与$\overrightarrow{F_m}$反向。当二力相平衡时，1、2 两侧面将建立起稳定的电压 U_H，即在与磁场方向和电流方向垂直的 y 方向将产生一电动势 U_H，此种效应为霍尔效应，由此而产生的电压叫霍尔电压 U_H，1、2 端输出的霍尔电压可由数显电压表测量并显示出来。

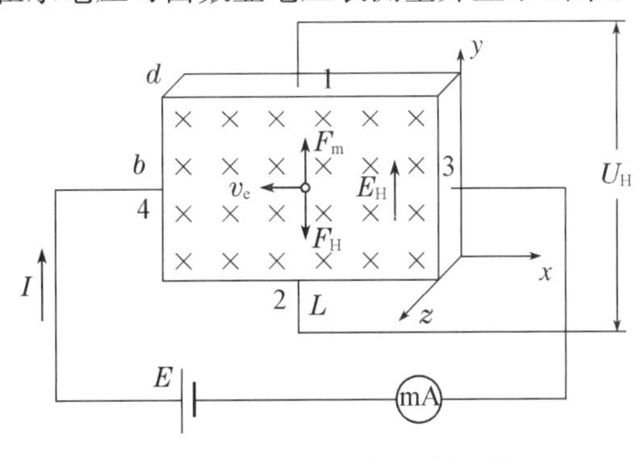

图 3-1-2　霍尔效应法测量磁场

如果半导体中电流 I 是稳定而均匀的，可以推导出 U_H 满足

$$U_H = R_H \frac{IB}{d} = K_H IB$$

式中：R_H 为霍尔系数，通常定义 $K_H = R_H/d$，K_H 称为灵敏度。对于一给定的霍尔传感器，R_H 和 K_H 有唯一确定的值，在电流 I 不变的情况下，与 B 有一一对应关系。

除了比较经典的电磁感应法、霍尔效应法，还有其他测量方法，诸如磁阻效应法，当物质在磁场中电阻率发生变化时称为磁阻效应，利用磁阻效应可制成磁阻传感器，而利用磁阻传感器可用于直接测量磁场或磁场变化，如弱磁场测量；磁光效应法，当线偏振光通过加有外磁场的磁光介质时，其光矢量发生了旋转，光的偏振方向旋转的角度与磁场沿着光波传播方向的分量呈线性正比关系，可通过测量旋光角度从而测得得到相应的磁场大小等。

3. 地磁场的测量

地磁场包括基本磁场和变化磁场两个部分。基本磁场是地磁场的主要部分，起源于固体地球内部，比较稳定，属于静磁场部分。变化磁场包括地磁场的各种短期变化，主要起源于固体地球外部，相对比较微弱，地球变化磁场可分为平静变化和干扰变化两大类型。

利用地磁场对指南针的作用可进行行军、航海定向，根据地磁场在地面上分布的特征可以探矿。当地磁场变化时，无线电波的传播会受到一定程度的影响；当地磁场受到太阳黑子活动而发生强烈扰动时，远距离通信将受到严重影响，甚至中断。因此，地磁场作为一个天然磁源，不仅仅可以隔离太阳发出的等离子射线，从而保护我们，而且在军事、工业、医学、通信、探矿等方面都有重要应用。

测量地磁要素及其随时间和空间的变化，为地磁场的研究提供基本数据。在测量地磁场时，一般需要同时考虑地磁场的三要素：磁偏角、磁倾角（地磁场水平分量与地磁场总强度之间的夹角）和地磁场水平分量（地磁场矢量在水平面上的投影）。

本实验的关键点之一在于从常用的磁场测量方法中，分析传统实验中的“痛点”问题，设计创新实验或改进传统实验，提高实验的精确度和测量的精度。徐林超、向文丽发现电磁感应法测磁场存在探测线圈测量值

较小，误差较大等"痛点"问题。为了消除亥姆霍兹线圈自身感抗对磁场测量造成的影响，提高实验精确度，作者利用 RLC 串联谐振特性对电磁感应法测磁场进行改进，将电容 C 与亥姆霍兹线圈串联，形成标准的 RLC 串联电路，调平并达到谐振，使电容容抗与亥姆霍兹线圈自身感抗相互抵消，从而提高磁场测量的精确度。过程方法即通过阅读文献—参考设计—从中启发—结合实际—实验实施—修改方案—完善实验—解决问题。

选题 3.2　杨氏模量的测量

杨氏模量是用来描述固体材料发生弹性形变时的一个重要的物理量，可用来表示固体材料在弹性限度内抗拉力或者抗压力，它是工程技术设计中常用的参数之一，常作为挑选机械材料和机械结构零件的重要判断依据之一，可用于工程结构应力和寿命计算。杨氏模量的测量对研究金属材料、半导体、纳米材料、聚合物、陶瓷、橡胶、光纤材料等各种材料力学性质都有着重要意义。另外，还可以用于机械零部件设计、生物力学、地质等领域。

一、实验要求

1. 了解杨氏模量测量的原理、方法，阅读十篇以上杨氏模量的测量相关论文。

2. 选择一种测量对象，设计一种改进的实验方法以简化操作、减小实验误差，或采用一种新方法（自拟），或设计一种简易的杨氏模量测量仪测量金属的杨氏模量。

3. 分析实验结果，撰写关于杨氏模量测量的论文，要求有一定创新和深度。

二、实验主要器材

杨氏模量测定仪、尺读望远镜、螺旋测微计、迈克尔逊干涉仪等。

三、实验提示

杨氏模量是描述固体材料抵抗形变能力的物理量，也叫拉伸模量。1807 年由英国物理学家托马斯·杨所提出。当一条长度为 L、截面积为 S 的金属丝在力 F 作用下伸长 ΔL 时，F/S 叫应力，其物理意义是金属丝单位截面积所受到的力；$\Delta L/L$ 叫应变，其物理意义是金属丝单位长度所对应的伸长量。应力与应变的比叫弹性模量。ΔL 是微小变化量。弹性模量包含杨氏模量、体积模量、剪切模量(shear modulus)等。

杨氏模量是弹性模量中最常见的一种，其定义为在胡克定律适用的范围内，单轴应力和单轴形变之间的比。常用的测杨氏模量的方法很多，比如传统的测量方法：拉伸法、激光准直法、干涉法、衍射法、弯曲法、振动法、支撑法等。

在弹性限度内，金属丝的拉伸量和作用在金属丝上的拉力是成正比的。传统的拉伸法是用悬挂重物来拉伸金属丝，逐次增加砝码，改变金属丝的伸长量。假设待测金属丝的横截面积为 S，金属丝的长度为 L，待测金属丝的悬挂砝码，根据牛顿第三定律可知，钢丝的下端所受到的拉力为 F，金属丝在外力作用下的伸长量为 ΔL。则

$$\frac{F}{S}=E\frac{\Delta L}{L} \tag{3-2-1}$$

式中：E 就是材料的杨氏弹性模量，简称杨氏模量，它是表征材料因抵抗外力作用而发生弹性形变的能力，E 越大的材料，抗弹性形变的能力越强，由式(3-2-1)可得

$$E=\frac{FL}{S\Delta L}=\frac{4FL}{\pi d^2\Delta L} \tag{3-2-2}$$

式中：d 为金属丝的直径。实验中 F、L、d 都比较容易测量出，但由于待测金属丝的形变量在外力作用下的伸长量较小，用常见的测量长度的工具不容易直接去测量出金属丝在外力作用下的微小形变量，所以本实验的难点为外力作用下准确测量材料的微小形变量，通过阅读文献，参考启发，结合实际，进而解决问题。

选题 3.3　电阻的优化测量

在工程与科研实践中，电阻、电感、电容和阻抗的测量是经常遇到的问题。在普通物理中，电阻是一个非常重要的物理量，电阻的优化测量对生产和生活具有一定的实际意义和参考价值。

一、实验要求

1. 了解电阻测量的原理、方法，阅读十篇以上电阻的优化测量相关论文。

2. 选择不同数量级的电阻（小电阻、中值电阻、大电阻）作为测量对象，分别用伏安法、直流单电桥法、双臂电桥法等三种以上的方法进行测量，分析比较各种测量方法的误差，评价各种测量方法的优缺和适用性，优化测量不同类型和阻值的电阻并得出结论。

3. 改进或自行设计测量电阻的一种新方法（选做）。

4. 分析实验结果，撰写关于电阻测量的论文，要求有一定广度和深度。

二、实验主要器材

滑线式单电桥、双臂电桥、箱式电桥、稳压电源、电阻箱、电压表、电流表、不同数量级的电阻等。

三、实验提示

电阻按其阻值大小可分为高、中、低三大类，$R\leqslant 1\ \Omega$ 的电阻为低值电阻，$R>1\ \mathrm{M}\Omega$ 的称高值电阻，介于两者之间的电阻是中值电阻，通常用电桥测中值电阻。

电阻的测量方法有很多，色环识别法、万用表测电阻、伏安法、直流单电桥法、双臂电桥、四端接线法等。对于一般应用型本科的学生，伏安法、直流单电桥法、双臂电桥测电阻均是普通物理实验必做项目之一，如何科学地评价、比较不同方法测量电阻的优缺，实现对电阻的精确测量是值得进一步探究的。

不同的方法有不同的原理、特点和适用性，测量误差也各有不同。对于不同的电阻，优化选择合适的方法，可提高实验效率和精确度，减小实验误差，对于生产和生活具有一定实用价值和意义。

本实验的关键点之一在于采用控制变量法。对于不同数量级的高、中、低电阻，分别用不同的方法测量同一电阻，分析不同方法测量电阻的优缺、误差、适用性等，得出结论，实现对电阻的优化测量。

选题 3.4　交流电桥测电容的误差分析及改进

交流电桥在生产及科学实验中,具有极为广泛的应用,主要用于测量交流等效电阻及其时间常数、电容及其介质损耗、自感及其线圈品质因数和互感等电参数的精密测量,也可用于非电量参数变换为相应电量参数的精密测量,在电测技术及自动控制中占有重要地位。然而在测量过程中,由于各种因素的影响,致使测量结果产生一定的误差,有些误差甚至可与被测量量相比拟。因此,在实验中如何消除这些因素的影响至关重要。本题主要探究交流电桥测量电容的误差及改进,以便较为精确地测量电容。

一、实验要求

1. 了解交流电桥测量电容的原理、方法,阅读十篇以上交流电桥测电容的误差分析及改进相关论文。

2. 分析交流电桥测电容的误差影响因素。

3. 选择 2～3 个不同数值的电容作为测量对象,采用改进的交流电桥法以减小实验误差,提高电容测量的精确度。

4. 分析实验结果,撰写关于交流电桥测电容的误差分析及改进的论文,要求有一定深度。

二、实验主要器材

电容箱、信号发生器、示波器、不同数值的电容若干、万用表等。

三、实验提示

交流电桥主要由桥路本体、交流电源信号、平衡指示仪三部分组成。桥路由四个桥臂组成,桥臂阻抗可以是容抗、感抗、电阻或者是它们的组合。由于实际电容器的介质并不是理想介质，在电路中要消耗一定的能量，所以实际电容器在电路中，在低频情况下，可看作是由一个理想电容 C_x 和一损耗电阻 r_x 串联构成，也可以看作是由一个理想电容 C_x 和一损耗电阻 r_x 并联构成。

交流电桥测电容不但要满足幅度平衡条件，还要满足相位平衡条件。平衡指示仪，一般可用谐振式检流计、耳机、交流毫伏表、示波器等，平衡指示仪的灵敏度会给交流电桥测电容造成一定的影响，交流电源信号的频率选择、桥路的比例臂的选择、桥路的布置、引线阻抗、杂散电压等不同因素也会对测量结果造成一定影响，从而产生误差。

交流电桥的灵敏度除与桥路本体的臂桥参数和电源的频率有关外，还同平衡指示仪的灵敏度有关。定义交流电桥相对灵敏度为

$$s=\frac{\Delta n}{\frac{\Delta Z}{Z}} \tag{3-4-1}$$

式中：$\frac{\Delta Z}{Z}$为电桥平衡下调节比例臂参数的微小相对改变量；Δn 是由微小改变量引起的平衡指示仪的变化量。

由于交流电桥测电容影响因素较为复杂，引起实验误差的因素也来自不同的方面。为了减小或者消除某些相应因素所带来的误差，对电容电桥进行设计改进，设计电路，选择合适的参数，精确测量电容，对比分析传统方法和改进后的方法的测量精度，并作不确定度分析，表明新改进、新设计的方法具有科学、高效、精确度高等特点。

选题 3.5　振动演示仪的设计与研究

振动是自然界中的普遍现象，任何复杂的振动都可由两个或多个简谐振动合成。振动的演示直观形象，可以加深对振动的认识和理解，从而掌握振动的规律，设计振动演示装置、研究简谐振动、阻尼振动、受迫振动具有一定实用价值和实际意义。

一、实验要求

1. 了解简谐振动、阻尼振动、受迫振动的原理、方法，阅读十篇以上振动演示仪的设计与研究相关论文。

2. 设计简谐振动、阻尼振动、受迫振动等多功能演示仪的方案，自组装装置绘制并研究简谐振动、阻尼振动、受迫振动的特点。

3. 利用 Matlab 仿真简谐振动、阻尼振动、受迫振动图像(选做)。

4. 分析实验结果，撰写关于振动仪(装置)的设计与演示的论文，要求有一定创新。

二、实验主要器材

气垫导轨、弹簧振子、单摆、支架等。

三、实验提示

物体运动时，离开平衡位置的位移(或角位移)随时间呈余弦(或正弦)规律变化，这类运动称简谐振动。当振动系统受到摩擦和介质阻力或其他能耗而使得振动系统的振幅随时间逐渐衰减的振动为阻尼振动；当振动系统在持续周期变化的外力作用下的振动为受迫振动。

以水平弹簧振子(轻质弹簧和物体组成的系统)为例，弹簧的劲度系数为 k，弹簧振子质量为 m，不考虑摩擦等阻力时，物体受到的力为弹性回复力，方向始终指向平衡位置，大小正比于物体的位移 x，方向与位移 x 相反，物体作简谐振动（无阻尼的自由振动），回复力为

$$F=-kx \tag{3-5-1}$$

其运动微分方程为

$$\frac{\mathrm{d}^2x}{\mathrm{d}t^2}+\omega^2x=0 \tag{3-5-2}$$

简谐振动的运动方程为

$$x=A\cos(\omega t+\varphi) \tag{3-5-3}$$

简谐振动的圆频率和周期分别为

$$\omega=\sqrt{\frac{k}{m}}=\frac{2\pi}{T} \tag{3-5-4}$$

$$T=2\pi\sqrt{\frac{m}{k}} \tag{3-5-5}$$

当有阻力作用时，物体作低速运动时，阻力

$$f=-\gamma v=-\gamma\frac{\mathrm{d}x}{\mathrm{d}t} \tag{3-5-6}$$

同样地，可以推导，物体作阻尼振动的方程为

$$\frac{\mathrm{d}^2x}{\mathrm{d}t^2}+2\beta\frac{\mathrm{d}x}{\mathrm{d}t}+\omega_0^2x=0 \tag{3-5-7}$$

式中：ω_0 为无阻尼时自由振动的固有角频率；β 为阻尼系数。$\omega_0=\sqrt{\frac{k}{m}}$，$\beta=\frac{\gamma}{2m}$。

$$x=A\mathrm{e}^{-\beta t}\cos(\omega t+\varphi) \tag{3-5-8}$$

式中：振幅项 $A\mathrm{e}^{-\beta t}$ 随时间作周期性衰减。

当弹簧振子在作阻尼振动的基础上，外界给系统一个周期的策动力，即在周期外力作用下，设外界周期作用力为 $f_e=H\cos pt$，同样地，可以得到受迫振动运动方程为

$$\frac{\mathrm{d}^2x}{\mathrm{d}t^2}+2\beta\frac{\mathrm{d}x}{\mathrm{d}t}+\omega_0^2x=h\cos pt \tag{3-5-9}$$

式中：$h=\dfrac{H}{m}$。

当阻尼较小时，$\beta^2<\omega_0^2$，则其通解为

$$x=A\mathrm{e}^{-\beta t}\cos(\sqrt{\omega_0^2-\beta^2}\,t+\varphi_0)+A_\mathrm{p}\cos(pt+\varphi_0) \qquad (3\text{-}5\text{-}10)$$

式(3-5-10)中，第一项为阻尼振动项，当时间较长时衰减为0，第二项为策动力产生的周期振动，当第一项衰减为0后，作受迫振动，而振动频率为策动力的频率。

振动演示仪的设计与研究首先要了解简谐振动、阻尼振动、受迫振动的定义、运动特征、受力特点等相关理论知识。观察生活及自然界中的振动模型，并查阅文献，了解(简谐)振动演示仪的制作方法，常用的方法诸如利用沙摆、输液单摆、弹簧振子、电火花打点计时器、传感器和计算机 、数码相机和计算机、视频系统等装置，搭建演示简谐振动的系统，绘制简谐振动、阻尼振动、受迫振动的图像。关键地，通过自组装装置，解决振动系统中没有摩擦阻力、有摩擦力、有周期外力分别实现物体作简谐振动、阻尼振动、受迫振动，并将运动的轨迹绘制出来。

选题 3.6　简易激光琴的设计与制作

激光琴是一种没有琴弦的琴，主要利用光电效应可以把光信号转变为电信号的原理，融合高科技与艺术，运用电子电声技术，以激光束取代琴弦，当演奏者用手遮住一束光，无弦琴就会发出声音，相当于拨动一根琴弦。经过不停地对光控制，可以“演奏”出不同的音阶和乐曲，发出美妙悦耳的音乐。

一、实验要求

1. 了解激光琴的设计原理，阅读十篇以上简易激光琴的设计与制作相关论文。

2. 设计实验方案，自组装装置，设计和制作不同旋律的激光琴。

3. 实验实施，记录数据并分析实验结果，撰写一篇关于激光琴的设计与制作的论文，要求有一定创新。

二、实验主要器材

激光笔，光敏电阻，不同型号的芯片。

三、实验提示

一般地，激光琴系统主要分为发射、感应及响应三部分。发射部分一般由八个激光管模仿竖琴琴弦构成。激光管发射的集中且亮度较高的红外线有利于感应部分的光敏电阻较敏感的感应光亮变化，从而产生较明显的阻值变化。感应部分主要由光敏电阻和单片机两部分组成。激光管发射的光束被挡住时，对应的光敏电阻感应并产生阻值变化，八个光敏电阻组成的系统产生高低电位的变化，并由单片机读取光敏电阻高低电位变化，完成操作指令的输入。单片机根据指令信息来控制数据，通过串行口传输数据，对其输入信号进行判断，当有激光照射时，单片机读取光敏电阻的电压，令此时它的逻辑电平为 0；当无激光照射时，单片机读取光敏电阻的电压，则这时它的逻辑电平为 1。这样，当遮挡激光的光线时，就能在电路中产生开关的效果。响应部分主要是一个喇叭(也可用音响)负责发出声响，单片机判断输入信号后，并对扬声器进行高低电平的赋值，使其产生相应的反应，发出不同频率的声音(对应不同竖琴琴弦)。

简易激光琴的设计与制作是综合了单片机技术和光电效应的设计实验，对于物理学(师范)的学生，学会利用单片机技术、电子线路设计知识辅助物理实验是创新物理实验的方法之一。通过查阅书籍，阅读文献，参考设计，启发创新，结合实际，解决问题。

选题3.7　液体表面张力系数的影响因素探究

液体具有尽量缩小其表面的趋势，好像液体表面是一张拉紧了的橡皮膜一样。这种沿着表面的、收缩液面的力称之为表面张力，液面边界单位长度所具有的表面张力称为表面张力系数。表面张力是表征液体力学特性的重要参数之一，在能源、环境保护、生物、农业等行业中都发挥非常重要的作用。液体表面张力可用于检测水质、牛奶品质等，液体表面张力的探究对于实际生活和生产科研具有一定的实用价值和意义。实验中，常通过测量液体表面张力系数来判断液体表面张力的变化和特点。液体表面张力系数与液体本身有关，也和外界因素有关，液体的浓度、压力、温度、磁场等均对液体表面张力系数有一定影响，本实验旨在探究液体表面张力系数的影响因素。

一、实验要求

1. 了解液体表面张力系数测量的不同影响因素，阅读十篇以上液体表面张力系数的影响因素探究相关论文。

2. 设计实验方案，选择合适的测量方法，自组装装置，探究温度、浓度、磁场对液体表面张力系数的影响。

3. 实验实施，记录数据并分析实验结果，撰写一篇关于表面张力系数的影响因素探究的论文，要求有一定创新和深度。

二、实验主要器材

EDS032E示波器、液体表面张力系数测定仪、力敏传感器、磁场测定仪、焦利氏秤。

三、实验提示

测量表面张力系数的常用方法为:拉脱法、毛细管升高法和液滴测重法等。实验过程中主要采用的是拉脱法,即测量一个吊环浸入液体的表面脱离时所必须承受的拉力。

液体表面张力的方向沿液体表面,与分解线长度 L 成正比,即

$$f=\alpha L \tag{3-7-1}$$

式中:α 液体表面张力系数,单位 N/m。

液体表面张力产生的原因是液体跟气体接触的表面存在一个薄层叫作表面层,表面层里的分子比液体内部稀疏,分子间的距离比液体内部大,分子间的相互作用表现为引力。

温度升高时,液体分子热运动加剧,动能增加,分子间引力减弱,从而使得液体分子由内部到表面所需的能量减少。此外,温度升高时,与表面层相邻的两体相的密度差变小,即温度升高时,液体表面张力下降。液体自身的成分(杂质)、纯度、浓度以及外界的温度、压力、磁场等对于表面张力均有影响。

液体表面张力系数的影响因素较为复杂,本实验的关键点之一,在于解决如何有效准确改变液体自身的参数和外界环境参数,采用控制变量法,测量表面张力系数的变化,探究液体表面张力系数的变化特点,定性地分析表面张力系数的变化规律。如探究磁场对表面张力系数的影响,可从磁场的控制找突破口,探究磁场类型、大小、磁场作用时间以及脱离磁场后的不同记忆时间等对液体表面张力的影响进行探究。

选题3.8　衍射现象的研究

当光在传播过程中经过障碍物，如不透明的边缘、细丝、光栅、狭缝（单缝、双缝、多缝）、小孔（圆孔、矩形孔、星形孔）等时，光会绕过障碍物的边缘偏离原来的直线，绕到障碍物后面而进入几何阴影区，并在屏幕上出现光强不均匀分布的现象叫光的衍射。光的衍射现象是光的波动性的主要特征之一，研究光的衍射现象不仅有助于加深对光本质的理解，而且能为进一步学好现代光学打下基础。

一、实验要求

1. 阅读十篇以上衍射现象的研究相关论文，设计实验，自组装实验装置，搭建一种观察衍射元件衍射现象和测量其衍射的相对光强分布的平台。

2. 选择一种衍射元件，观察其衍射图样，分析其图样的特点，加深对衍射理论的理解。

3. 测量所选衍射元件的光强分布，掌握其分布规律。

4. 分析实验结果，撰写关于衍射现象和其规律的论文。

5. 利用 Matlab 软件或 Python 软件或 Labview 等软件编程仿真不同衍射元件，或同一衍射元件在不同实验参数条件下的衍射图样和光强分布特点，撰写关于仿真衍射现象的论文（选做）。

6. 对矩孔和圆孔衍射进行实验，分析和比较两种不同类型的衍射实验图样和光强分布特点，测出孔径的大小，并进行误差分析（选做）。

7. 对菲涅尔圆孔衍射和夫琅和费圆孔衍射进行实验，分析和比较两种不同类型的衍射实验图样和光强分布特点（选做）。

二、实验主要器材

光学导轨、He－Ne 激光器、单缝、圆孔、数字式万用表等。

三、实验提示

光的衍射通常分为两类：一类是光源到衍射屏的距离，或接收屏到衍射屏的距离有限远时，或两者都是有限远时所发生的衍射现象，称为菲涅耳衍射；另一类是光源到衍射屏的距离，和接收屏到衍射屏的距离都是无限远时，所发生的衍射现象，称为夫琅和费衍射。夫琅和费衍射可以看作照射到衍射屏上的入射光和离开衍射屏的衍射光都是平行光的衍射。

不同形状的障碍物即不同的衍射元件将产生不同的衍射图样和光强分布谱，由于光学仪器的光瞳通常是圆形的，讨论夫琅和费圆孔衍射对于分析光学仪器的衍射现象和成像质量具有重要意义。以夫琅和费圆孔衍射为例，如图 3-8-1 所示，平行的激光束垂直地入射于圆孔光阑上，衍射光束被透镜会聚在接收屏上（接收屏刚好处于焦平面上），则在接收屏上可观察到圆孔的夫琅和费衍射图样。衍射图样的中央是一特别明亮的圆斑，外围是一组明暗相间的同心圆环组成，第一暗环所包围的中央亮斑（特别明亮）称为艾里斑，衍射屏上任意一点 P 点的光强分布

$$
\begin{aligned}
I_p &= I_0\left[1-\frac{1}{2}m^2+\frac{1}{3}\left(\frac{m^2}{2!}\right)^2-\frac{1}{4}\left(\frac{m^3}{3!}\right)^2+\cdots\right]^2 \\
&= A_0^2\,\frac{J_1^2(2m)}{m^2}=I_0\,\frac{J_1^2(2m)}{m^2}
\end{aligned}
\tag{3-8-1}
$$

式中：$J_1(2m)$ 为一阶贝塞尔函数；θ 为衍射角（衍射方向与光轴的夹角）；I_0、A_0 分别为光轴上 P_0（$\theta=0$ 方向上）的光强、合振幅；m 可以用衍射角 θ 及圆孔半径 a 表示

$$m=\frac{\pi a}{\lambda}\sin\theta \tag{3-8-2}$$

衍射屏上任意一点 P 点的相对光强分布为

$$\frac{I}{I_0}=\frac{J_1^2(2m)}{m^2} \tag{3-8-3}$$

令 $\dfrac{\mathrm{d}\left(\dfrac{I}{I_0}\right)}{\mathrm{d}m}=0$，求出 $\dfrac{I}{I_0}=\dfrac{J_1^2(2m)}{m^2}$ 的极值点，即可求出暗纹、明纹位置和对应的相对光强。

由式(3-8-1),可知,中央光强最大的位置为

$$\sin\theta=0 \tag{3-8-4}$$

即对应光轴上的 P_0 点,有 $I=I_0$,它是衍射光强的主极大值,即艾里斑的光强。理论计算可以证明,艾里斑约占整个入射光束总强度的 84%,中央光斑(第一暗环)的直径 D 为

$$D=1.22\frac{\lambda f}{a} \tag{3-8-5}$$

实验中,测量出透镜的焦距 f,中央光斑的直径 D,则可计算小孔半径 a。

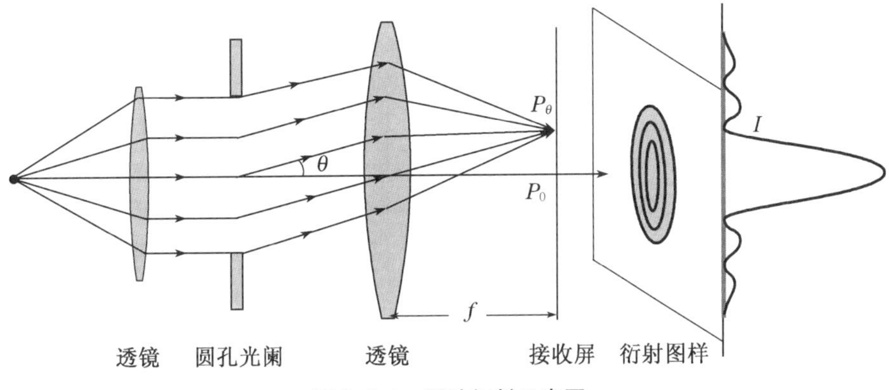

图 3-8-1　圆孔衍射示意图

图 3-8-1 中当圆孔换作单缝时,其衍射图样有所变化,中央明纹两侧交替分布着各级明暗条纹,为单缝衍射。单缝夫琅禾费衍射如图 3-8-2 所示,实验中以半导体激光器作光源,由于激光束具有良好的方向性,平行度很高,因而可省去准直透镜 L_1。若使观察屏远离狭缝,缝的宽度远远小于缝到屏的距离(即满足远场条件),则透镜 L_2 也可省略。简化后的光路如图 3-8-3 所示,设屏幕上 P_0(P_0 位于光轴上)处是中央亮条纹的中心,其光强为 I_0,屏幕上与光轴成 θ 角(θ 在光轴上方为正,下方为负)的 P_θ 处的光强为 I_θ,则理论计算得出

$$I_\theta=I_0\frac{\sin^2\beta}{\beta^2} \tag{3-8-6}$$

而

$$\beta=\frac{\pi a\sin\theta}{\lambda} \tag{3-8-7}$$

式中:θ 为衍射角;λ为单色光的波长;a 为狭缝宽度。

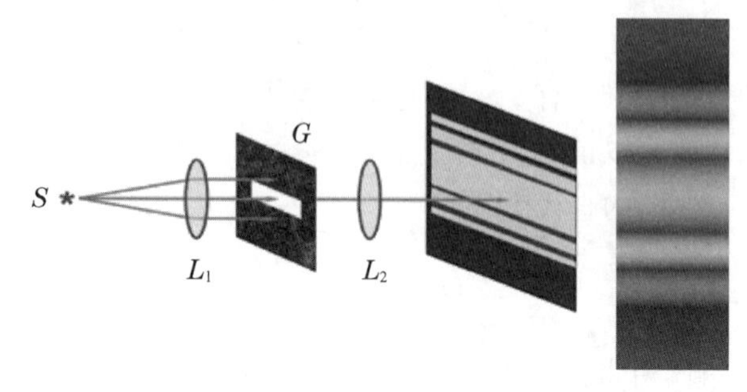

图 3-8-2 单缝衍射示意图

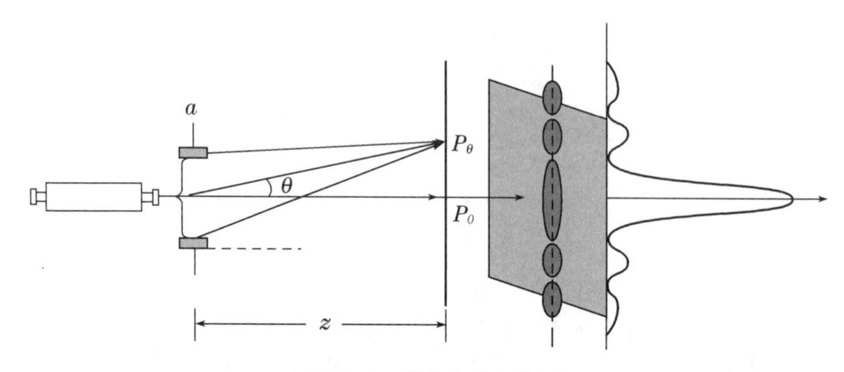

图 3-8-3 单缝衍射简化图

同样地,由式(3-8-6)、(3-8-7)可知:当 $\beta=0$ 即($\theta=0$)时,$I_\theta=I_0$,光强最大,称为中央主极大。在其他条件不变的情况下,此光强最大值 I_0 与狭缝宽度 a 的平方成正比;当 $\beta=k\pi$ 时($k=\pm1,\pm2,\pm3$),$a\sin\theta=k\lambda$,$I_\theta=0$,出现暗条纹。在 θ 很小时,可以用 θ 代替 $\sin\theta$。因此,暗纹出现在 $\theta=\frac{k\lambda}{a}$的方向上。显然,主极大两侧两暗纹之间的角距离 $\Delta\theta_0=2\frac{\lambda}{a}$,为其他相邻暗纹之间角距离 $\Delta\theta=\frac{\lambda}{a}$的两倍;除了中央主极强以外,两相邻暗纹之间都有一次极强出现在$\frac{\mathrm{d}}{\mathrm{d}\beta}(\frac{\sin^2\beta}{\beta^2})=0$ 位置上,要求 β 值为$\pm1.43\pi$,$\pm2.46\pi$,$\pm3.47\pi$…对应的 $\sin\theta$ 值为$\pm1.43\frac{\lambda}{a}$,$\pm2.46\frac{\lambda}{a}$,$\pm3.47\frac{\lambda}{a}$,…各次极强的强度依次为 $0.047I_0$,$0.017I_0$,$0.008I_0$…,以上是单缝夫琅禾费衍射的理论结果。

实验中，调整缝到屏的距离 z 和缝宽 a 等，调出比较满意的衍射花样并探究其规律，作出相对光强 I_θ/I_0（或相对电流 j_θ/j_0）与位置的关系曲线，也即衍射光强分布图，并与理论结果进行比较。

透射光栅衍射实验为多缝衍射实验，它是大学普通物理实验必做项目之一，其他类型的衍射接触较少，本实验旨在设计自组装装置，研究常见的衍射模型的衍射现象和规律，可辅助手机传感器或 Matlab、Python 等仿真软件探究衍射现象。

选题 3.9　多种方法测量转动惯量的研究

刚体的机械运动可以分解为平动和转动，转动惯量是刚体转动中惯性大小的量度，它是描述刚体转动特性的重要物理量。物体的转动惯量主要取决于刚体的总质量、质量分布、形状大小和转轴位置。对于形状简单、质量均匀分布的刚体，可以通过数学方法计算出它绕特定转轴的转动惯量，但对于形状比较复杂，或质量分布不均匀的刚体，用数学方法计算其转动惯量存在一定的困难，大多是采用实验的方法来测定其转动惯量的。转动惯量是影响零部件和系统工作特性的重要参数，在机械行业中，有许多做定轴转动零部件需要对其转动惯量进行准确测定，转动惯量的测量研究在精密仪器，工程机械，机电制造，武器系统，航空航天等领域具有重要的意义。

一、实验要求

1. 了解多种测量物体转动惯量的原理、方法，阅读十篇以上测量转动惯量的研究相关论文。

2. 分别用三线摆法（或自拟一种方法）和恒力矩转动法或其他方法测量质点、圆盘和圆环等刚体的转动惯量，并验证平行轴定理。

3. 分析两种不同方法测量物体转动惯量的误差、影响因素、优缺等，撰写关于转动惯量相关内容的论文，要求有一定深度。

二、实验主要器材

三线摆、周期测定仪、ZKY－ZS 转动惯量实验仪等。

三、实验提示

使刚体以一定形式运动，通过表征这种运动特征的物理量与转动惯量的关系，进行间接测量。如恒力矩转动法、扭摆法、双线摆法、复摆法、三线摆法等。

恒力矩转动法是根据刚体的定轴转动定律

$$M=J\beta \tag{3-9-1}$$

由式(3-9-1)中，可知，只要测定刚体转动时所受的总合外力矩 M 及该力矩作用下刚体转动的角加速度 β，则可计算出该刚体的转动惯量 J。

利用 ZKY－ZS 转动惯量实验仪，使其以某初始角速度转动，设空实验台转动惯量为 J_1，在摩擦阻力矩 M_μ 的作用下，实验台将以角加速度 β_1 做匀减速运动。空实验台加砝码时，将质量为 m 的砝码用细线绕在半径为 R 的实验台塔轮上，让砝码下落，系统在恒外力作用下将以角加速度 β_2 作作匀加速运动，利用刚体的定轴转动定律可推导出系统空实验台的转动惯量。同理，若在实验台上加上被测物体后系统的转动惯量为 J_2，加砝码前后的角加速度分别为 β_3 与 β_4，利用刚体的定轴转动定律亦可推导出实验台和被测物体的转动惯量。

由转动惯量的叠加原理可知，被测物体的转动惯量 J_3 为

$$J_3=J_2-J_1 \tag{3-9-2}$$

本实验主要探究不同方法测量转动惯量的误差、优缺点等，改进传统方法中测量转动惯量的“痛点”问题，从而准确测量物体的转动惯量。

选题 3.10　磁效应仪的设计与制作

磁效应具有基础研究的意义，可提供物质结构、物质内部各种相互作用等丰富的信息，在新器件、新材料、新手段等领域具有一定应用价值。比如，磁光效应被用于观察磁化强度的分布，研制磁光器件及磁光存储器件，磁电阻效应则用于检测磁场而制成新型磁头及磁泡检测器，磁力效应与磁声效应分别用于制造电声换能器及延迟线，工程技术上有特殊应用的恒弹性材料及低膨胀系数材料则基于磁力效应及磁热效应，均与磁致伸缩效应有关。磁效应的探究具有一定实验意义和应用价值，自主设计并搭建磁效应仪具有一定演示价值和探究意义。

一、实验要求

1. 了解磁效应的分类和原理，阅读十篇以上磁效应仪的设计与制作相关论文。

2. 利用磁效应的原理，自组装实验装置，设计与制作一种演示和测量某种磁效应的实验仪或综合性磁效应仪。

3. 观测磁效应现象，定性和定量分析自制磁效应仪的特点，撰写一篇关于磁效应的论文，要求有一定深度和创新。

二、实验主要器材

霍尔实验仪、半导体激光器、起偏器、电磁铁、检偏器、光电接收器等。

三、实验提示

物质的磁性与其力学、声学、热学、光学及电学等性能均取决于物质内原子和电子状态及它们之间的相互作用。磁状态的变化引起其他各种性能的变化；反之，电、热、力、光、声等作用也引起磁性的变化，这些变化统称为磁效应。磁效应主要有磁力效应、磁声效应、磁光效应、磁热效应和磁电效应以及它们的逆效应。

磁光效应，是指在磁场作用下，物质的电磁特性（磁导率等）发生变化，使光在其内部的传输特性（偏振状态，传输方向等）也随之变化的现象，磁光效应现象发现至今，包括法拉第效应、克尔磁光效应、塞曼效应和科顿一穆顿效应等；磁热效应是指顺磁体或软磁体在外磁场的作用下等温（或绝热）磁化时会放出热量，而去磁时会吸收热量的现象；磁阻效应是一定条件下，导电材料的电阻值随磁感应强度的变化规律；磁悬浮是利用磁体的排斥与吸引、电磁感应效应达到悬浮、驱动和控制等。

利用磁效应可设计电磁感应演示测量仪、磁光效应仪、磁悬浮摆等。王芳、王超群等利用法拉第磁光效应，优化设计了旋光仪，从而实现对液体浓度的测量；周严、刘跃等基于霍尔效应，采用电阻应变计法设计制作了静态磁致伸缩演示实验仪，既适用于课堂教学中磁致伸缩效应的演示，又可以作为学生自主操作的物理实验仪器进行使用，还可用于磁材料的磁致伸缩系数研究。

本实验内容较为综合，通过查阅书籍，阅读文献，参考实验，启发创新，结合实际，解决问题。可基于磁效应的某一突破口，设计相应的磁效应或其应用的装置，研究相应的磁效应现象、规律和应用。

选题 3.11　液相扩散系数的测量与研究

液相扩散系数是研究传质过程、计算传质速率及化工设计与开发的重要基础数据，已广泛应用在生物、化工、医学及环保等新兴行业中，液相扩散系数的测量与研究具有应用价值和实际意义。

一、实验要求

1. 了解液相扩散系数概念、原理。
2. 测量某液体的液相扩散系数，掌握其测量方法。
3. 探究不同浓度下液体的液相扩散系数特点，定性解释和定量分析液相扩散系数的浓度效应，撰写一篇关于液相扩散系数的测量与研究的论文，要求有一定深度。

二、实验主要器材

液相扩散系数测量仪、液芯柱透镜、导轨、CCD 等。

三、实验提示

液相扩散是指液体相互接触时，由于分子热运动造成彼此进入对方的现象，液相扩散系数是表征其扩散过程的快慢的物理量。目前，液相扩散系数主要通过实验的方法获得，基于 Fick 定律，通过测定浓度随时间和扩散距离等参数的变化来计算扩散系数。

常用的测量方法包括膜池法、光干涉法、泰勒分散法、玻璃毛细管法、基于液芯柱透镜“等折射率薄层移动”测量法、基于液芯柱透镜瞬态图像分析法、基于液芯柱透镜等观察高度测量法等。

其中，“等折射率薄层移动法”所用的成像元件需有合理的参数值，包括较高的折射率灵敏度，较小的焦距测量偏差，较小的最小可分辨折射率改变量和较小的球差。

本实验具有一定深度和难度，可采用本校实验室现有的液相扩散系数测量仪如图 3-11-1 所示，选择一种合适的方法。比如用"等折射率薄层移动法"测量液相扩散系数，探究液相扩散过程，测量液相扩散系数或利用玻璃毛细管，自主设计一种简易实验装置，测量液相扩散系数。

图 3-11-1　液相扩散系数测量仪

选题 3.12　微小长度的测量

长度的测量是大学物理实验必做项目之一，对于测量精度要求不高的长度，通过米尺、游标卡尺、螺旋测微计测量即可。而某些尺寸较小的薄纸、金属细丝、细菌大小以及细丝在受力或受热状态下的微小长度用常规的测量工具测不出或测不准，需通过更加精密的仪器或放大、干涉、衍射等间接测量微小长度。微小长度的测量在医学、工程、日常生活等多方面具有广泛的应用，探究微小长度的测量具有一定的实际应用价值和参考意义。

一、实验要求

1. 了解微小长度的常用的测量方法，阅读十篇以上微小长度的测量相关论文。
2. 采用一种切实有效的一种实验方法或改进传统方法或新方法，对微小长度进行测量。
3. 记录数据并分析实验结果，撰写一篇关于微小长度测量的论文。

二、实验主要器材

读数显微镜、杨氏模量测量仪、生物显微镜、劈尖、牛顿环、迈克尔逊干涉仪等。

三、实验提示

微小长度常用的测量方法有迈克尔逊干涉法、劈尖干涉法、单缝衍射法、光杠杆法、光学显微镜放大法、电测法等。

劈尖干涉在检测零件表面的平整度、微小量的测量、半导体工艺的使用等方面有很重要的应用。利用劈尖等厚干涉，可对微小量进行设计研究。实验原理如图 3-12-1 所示，叠合的两块平面玻璃片，当一端插入微小物体如细丝、薄纸等，两块玻璃片间则形成了空气劈尖（空气折射率约为 1）。当平行单色光垂直入射于劈尖时，在劈尖上下两表面反射的光波相遇产生干涉，从劈尖正上方观测到的干涉图样是平行于棱的一组明暗相间、等距、等宽的直条纹。

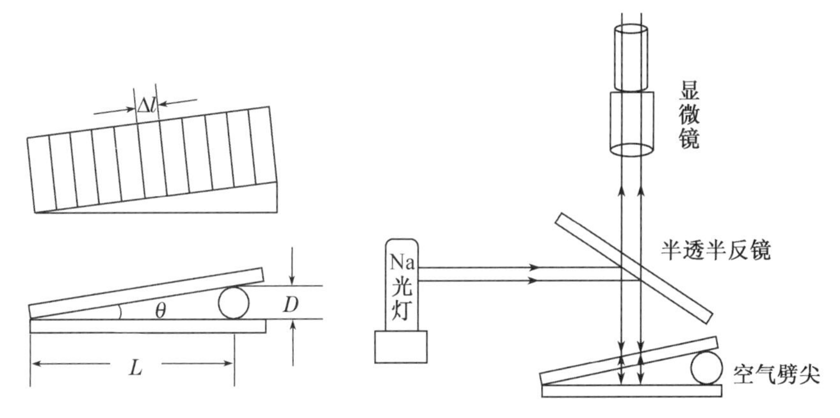

图 3-12-1　劈尖干涉原理

设空气劈尖总长度为 L（劈尖棱边到金属细丝的距离），细丝直径为 D，单色平行光的波长为 λ，空气劈尖内，若劈尖夹角 θ 极小时，在第 k 级条纹处，两束相干光的光程差为

$$\delta=2nd+\frac{\lambda}{2}=2d+\frac{\lambda}{2} \tag{3-12-1}$$

式中：$\frac{\lambda}{2}$是光在空气劈尖下表面反射时，因半波损失而产生的附加光程差；d 为在第 k 级条纹处的空气劈尖厚度。由光的干涉理论知，两束反射光干涉产生暗纹的条件为

$$2d+\frac{\lambda}{2}=(2k+1)\frac{\lambda}{2},k=0,1,2,3\cdots \tag{3-12-2}$$

则第 $k+1$ 级暗纹为

$$2d'+\frac{\lambda}{2}=(2k+3)\frac{\lambda}{2},k=0,1,2,3\cdots \tag{3-12-3}$$

式中：d' 为第 $k+1$ 级暗纹对应的空气劈尖厚度。

若 Δd 为第 k 级与第 $k+1$ 级暗纹对应的空气劈尖厚度差，则

$$\Delta d=d-d'=\frac{\lambda}{2} \tag{3-12-4}$$

如图 3-12-1 所示，若 Δl 为第 k 级与第 $k+1$ 级暗纹之间的距离，根据三角关系，可知

$$\sin\theta=\frac{\Delta d}{\Delta l} \tag{3-12-5}$$

则

$$\Delta l\sin\theta=\frac{\lambda}{2} \tag{3-12-6}$$

由此可知，劈尖夹角增大，条纹间距变小。

当 θ 角很小时，有

$$\tan\theta=\frac{D}{L}\approx\sin\theta \tag{3-12-7}$$

则待测细丝直径为

$$D=\frac{\lambda L}{2\Delta l} \tag{3-12-8}$$

实验室中，若采用钠光灯照射劈尖，钠光波长为 589.3 nm，利用读数显微镜测得金属丝所在位置到劈尖棱边的距离 L 和条纹间距 Δl，即可测出金属细丝直径。

式(3-12-8)中，$L/\Delta l$ 为劈尖棱边至金属细丝之间干涉暗纹的数目，用 K 表示，则式(3-12-8)可简写为

$$D=K\frac{\lambda}{2} \tag{3-12-9}$$

因此，利用读数显微镜测出 K，也可测出金属细丝直径的数值。注意在两玻璃片相接触处，劈尖的厚度为 0，由于半波损失的存在，所以在棱边处为暗条纹。

本实验可选择某一传统方法，基于这一突破口“痛点”问题，对症下药，改进实验，提高实验的效率和精度，或自主设计实验方法，自组装装置，测量微小长度，解决某一实际问题。

选题 3.13 基于 Tracker 软件辅助物理实验的探究

Tracker 是一款免费的视频跟踪分析和建模工具软件，通过手动或自动跟踪对象的位置、动态显示速度和加速度，从而辅助物理实验，探究物体的运动涉及的相关物理量，定量分析物体的运动，输出所需要的数据表格或图像，并对所画图形进行曲线拟合、积分等操作，为物理现象和物理规律的探究提供了极大的方便。

一、实验要求

1. 了解 Tracker 软件的使用方法，阅读十篇以上基于 Tracker 软件辅助物理实验的设计研究相关论文。
2. 利用 Tracker 软件辅助探究某一物理现象和规律。
3. 记录数据并分析实验结果，撰写一篇关于 Tracker 软件辅助物理实验的论文。

二、实验主要器材

单摆、气垫导轨、弹簧振子等。

三、实验提示

利用 Tracker 视频分析软件辅助探究单摆测量重力加速度、碰撞验证动量守恒、落球法测量液体黏滞系数等实验。Tracker 视频分析软件可高效准确分析物体的运动，从而提高实验的精确度，并具有方便快捷、直观形象的特点。

利用 Tracker 视频分析软件辅助实验首先要拍摄物体运动的视频，其次将视频导入 Tracker 软件并分析视频，从而探究物体运动的规律和特点。

Tracker设置了比例标度、坐标。常规的使用步骤:首先,设定参考坐标,选择“轨迹—坐标轴”;其次,进行参考尺寸的定标,选择定标工具对长度定标,以场景中预先测量好的参照物作为参考尺寸,从而使软件能够计算出视频中研究对象在运动过程中的实际位移。点击创建窗口,选择研究对象,建立质点,可按住“Shift+ Ctrl”键出现的圆圈,通过这个圆圈标记出实验选择的研究对象,点击搜索,软件将自动搜索质点对象运动中的位置,并绘出研究对象运动的位移—时间、速度—时间等图像。利用软件内置的数据拟合功能,可对数据进行运动方程的拟合,进一步分析物体作相应运动的过程、特点和规律。

范颖玺、陈东生等利用Tracker软件探究了导轨上两物体碰撞过程,通过软件拟合出动量—时间曲线,验证了碰撞过程的动量守恒定律实验结果证明:与传统的光电门采集物体运动信息的方式相比,Tracker软件辅助实验更加快捷、直观,更好地帮助学生理解动量守恒的物理意义。

涉及物体运动的实验较多,借助Tracker软件辅助物体运动的实验方便、准确、快捷,具有一定演示价值。本实验可选择某一物体运动或涉及物体运动的某一规律、某一参数,分析物体运动中存在的“痛点”问题,对症下药。利用Tracker软件辅助实验、改进实验、优化实验,提高实验的效率和精度,解决某一实际问题。

实验 3.14　温度计的设计与组装

温度表示物体的冷热程度，是重要的基本物理量之一。温度的测量对于生产、生活、科研都具有重要的意义，温度计在日常生活、生产、科学研究中均为不可缺少的测量温度的工具。根据温度计测量原理不同，有利用物体热胀冷缩原理制成的温度计，如玻璃温度计；有利用热电效应技术制成的温度检测元件，主要是指热电偶温度计；有利用热阻效应技术制成的温度检测元件，如 PT100 温度计、PCT 或 NCT 热敏电阻温度计；有利用红外测温技术制成的红外温度计以及组合式温度计等。

近年来在电子温度计得到了非常广泛的应用，读数直观、准确、方便、使用安全、无污染，是测量温度的常用工具之一，电子温度计的设计与组装具有重要的实验意义和应用价值。

一、实验要求

1. 了解不同类型的温度传感器，阅读十篇以上温度计的设计与组装相关论文，选择一种合适的温度传感器，设计并组装一种简易的电子温度计。

2. 探究温度传感器的测温特性。

3. 搭建平台，实验实施，分析实验结果，撰写一篇关于简易电子温度计设计与组装的论文。

二、实验主要器材

热电阻、热敏电阻、滑线式电桥、常见的芯片等。

三、实验提示

温度计最核心的原件就是感知温度的部分，能够把温度的变化转化为电量的变化，即温度传感器，它是实现温度检测和控制的重要器件。

电子温度计主要由温度传感器和显示仪表组成，了解温度传感器测温的特性是电子温度计设计的关键。不少材料、元件的特性都随温度的变化而变化，能作温度传感器的材料相当多。电子温度计常用的传感器有金属热电阻、热敏电阻、pn 结温度传感器、集成温度传感器、热电偶等。

1. 热电阻

热电阻测温是基于电阻的热效应，即电阻体的阻值随温度的变化而变化的特性。因此，只要测量出感温热电阻的阻值变化，就可以测量出温度。热电阻主要为金属热电阻和半导体热敏电阻两类。

目前应用最广泛的热电阻材料是铂和铜：铂电阻精度高，适用于中性和氧化性介质，稳定性好，具有一定的非线性，温度越高电阻变化率越小；铜电阻在一定测温范围内电阻值和温度呈线性关系，温度系数 大，适用于无腐蚀介质，超过 150 ℃易被氧化。

在不太大的温度范围内，铜电阻的电阻值和温度一般可以用以下的近似关系式表示，即

$$R=R_0(1+\alpha t) \tag{3-14-1}$$

式中：α 称为该金属热电阻的温度系数。热电阻一般适用于中低温范围内的温度测量，其特点是测量准确、稳定性好、性能可靠。

半导体热敏电阻通常有较高的电阻温度系数，其灵敏度通常比热电阻高得多，具有体积小、灵敏度高、反应速度快、分辨率高等优点。半导体热敏电阻由于体积可以做得很小，因此其动态特性好，特别适于在 −100 ℃～300 ℃之间测温，不足之处是其互换性较差，另外其热电特性是非线性的。热敏电阻是由一些金属氧化物，如钴(Co)、锰(Mn)、镍(Ni)等的氧化物采用不同比例配方，高温烧结而成，具有半导体的特性，其主要有三种类型，即正温度系数型(PTC)、负温度系数型(NTC)、和临界温度系数型(CTR)。

半导体热敏电阻对温度灵敏，温度低时，载流子数目少，阻值较高，而温度高时，载流子数目急剧增加，阻值急剧下降，在一定温度范围内，NTC 热敏电阻的阻值-温度关系为

$$R_T=R_0\mathrm{e}^{B_\mathrm{N}\left(\frac{1}{T}-\frac{1}{T_0}\right)} \tag{3-14-2}$$

式中：T 为热力学温度，单位为 K；R_T、R_0 是温度分别为 T、T_0 时的电阻值；B_N 为热敏电阻的材料常数，一般 B_N 为 2 000～6 000 K，对一定的热敏电阻，B_N 为常数。

对式(3-14-2)取对数，可得

$$\ln R_T = B_N\left(\frac{1}{T}-\frac{1}{T_0}\right)+\ln R_0 \tag{3-14-3}$$

由式(3-14-3)可知，$\ln R_T$ 与 $\frac{1}{T}$ 呈线性关系，通过实验作图，拟合得到两者之间的关系式，其斜率即为热敏电阻的材料常数 B_N。

2. pn 结温度传感器

晶体二极管或三极管的 pn 结电压是随温度变化的，pn 结温度传感器是基于 pn 结电压与温度的关系从而实现对温度的测量。例如硅管 pn 结通过一定的正向电流时，pn 结的正向电压随温度在一定区域内线性变化，利用正向压降与温度的关系从而实现温－电转换，实验中，通过对其正向电压的测量，达到对温度检测和控制的目的。

3. 热电偶温度传感器

热电偶测温是基于“热电动势效应”原理来完成的。热电动势效应是指 A、B 两种不同的导体组成闭合回路，该闭合回路叫热点回路。若两导体两结点温度不同，则在回路中有一定电流，表明在回路中产生电动势。实验中，通过对其热电势的测量，达到对温度检测和控制的目的。热电偶主要用于气体、蒸汽、液体等介质的测量，具有结构简单、制作方便、测量范围宽、精度高、热惯性小等特点。热电偶温度传感器缺点是灵敏度低，线性不好，冷端需要温度补偿。

4. 集成温度传感器

集成温度传感器是将传感器、信号处理电路集成一体，一定程度上提高了它的性能。集成温度传感器主要分为模拟式和数字式两种类型。模拟式温度传感器是将驱动电路、信号处理电路以及必要的逻辑控制电路集成在单片 IC 上，具有实际尺寸小、使用方便、灵敏度高、线性度好、响应速度快等优点。常见模拟式温度传感器有 LM335、LM35、LM45 等。

数字式温度传感器是将敏感元件、A/D 转换单元、存储器等集成在一个芯片上，直接输出反应被测温度的数字信号，使用方便，但响应速度较慢。常见的数字式集成温度传感器为 DS18B20。

本实验旨在根据不同温度传感器的温度特性，选择合适的温度传感器，设计实验组装简易的温度计，实现对温度的测量。其中，"用非平衡电桥设计组装热敏电阻数字温度计"是一个比较典型的非平衡电桥应用实例。它是市场上各类数字温度计的雏形，具有一定实用价值，用热敏电阻作感温元件可达到精密而稳定的测温效果，其主要由热敏电阻和非平衡电桥组成，将热敏电阻传感器接入电桥回路，通过测量非平衡电桥的输出电压，再进行运算处理，从而得到引起电阻变化的其他物理量，如温度、压力、形变等，实现非电量的测量。

实验3.15　简易光电效应演示装置的设计

光电效应是物理学中一个重要而神奇的现象，它是指照射到金属表面的光，能使金属中的电子从表面逸出的现象，即光生电。光电现象由德国物理学家赫兹于1887年发现，而正确的解释为爱因斯坦所提出。光电效应揭示了光的粒子性，这对光的本性来说意义重大。光子像其他粒子一样，也具有能量。利用光电效应制作的光电器件在工农业生产、科学技术、军事和文化生活等领域得到了广泛的应用。掌握光电效应的原理、制作光电效应演示装置具有一定实验价值和教育意义。

一、实验要求

1. 了解光电效应的原理，阅读十篇以上简易光电效应演示装置的设计相关论文。

2. 搭建一种演示光电效应的演示装置，探究光电效应的原理，要求有一定特色和创新点。

3. 撰写一篇关于简易光电效应演示装置的设计的论文。

二、实验主要器材

钠灯、He－Ne激光器、光电管、检流计、电压传感器、电流传感器等。

三、实验提示

光电效应分为光电子发射、光电导效应和阻挡层光电效应，又称光生伏特效应。当光照射金属表面时，是以光粒子的形式打在金属的表面上，光粒子保持着频率(或波长)的概念，频率为 v 的光子具有能量 $E=hv$，h 为普朗克常数。只有当其能量大于电子摆脱金属表面约束所需的逸出功 W_0 时，受光照射的金属表面才会逸出光电子(以一定的初动能逸出)。

按照能量守恒原理，爱因斯坦提出了著名的光电效应方程

$$hv=\frac{1}{2}m\nu_0^2+W_0 \tag{3-15-1}$$

式中：v 为入射光的频率；m 为电子的质量；ν_0 为光电子逸出金属表面时的初速度；W_0 为光电子逸出金属材料表面所需的最小能量，称为金属材料的逸出功，生光电效应的最低频率（截止频率）是 $v_0=W_0/h$。

光信号（或光能）转变成电信号（或电能）的器件叫作光电器件，包括光敏管、光敏电阻、光敏二极管、光敏三极管、光敏组件、色敏器件、光敏可控硅器件、光耦合器、光电池等光电器件。

本实验的关键点之一在于选择一种合适的光电器件，测量其伏安特性和光谱特性，自组装一种光电效应演示装置，研究光电效应的产生与特点。

实验 3.16　超声悬浮设计与研究

声悬浮是利用高强度声波产生的声压来平衡重力，从而实现物体悬浮的一种技术。声悬浮一般需要很高的声强条件，因此在声悬浮实验中普遍采用高频率的超声波，即超声悬浮。

一、实验要求

1. 了解超声换能器和超声悬浮的基本原理，阅读十篇以上超声悬浮的设计与研究相关论文。

2. 利用超声波测速仪探究超声悬浮现象或设计超声悬浮装置。

3. 撰写一篇关于超声悬浮的设计与研究的论文。

二、实验主要器材

超声波测速仪、压电陶瓷换能器、信号发生器、示波器等。

三、实验提示

超声波悬浮按照其机理主要可以分为两种：近场悬浮和驻波悬浮。近场悬浮的距离很小，但是能悬浮起较大质量的物体。近场超声悬浮是通过超声换能器和被悬浮物体之间的空气薄膜作为介质，从而传播声能量，悬浮高度通常只有几十至几百微米，远小于声波的波长。

驻波悬浮主要是利用声波的叠加形成驻波，进而悬浮起物体，其与近场悬浮相比，能悬浮起一系列等高的物体，但是物体的质量要很小。一个最简单的驻波系统可由一个声发射端和一个声反射端构成，即形成一个谐振腔。

超声驻波悬浮是利用超声换能器的辐射端产生高频的活塞式振动，在介质中形成声场，并在声波传输路径上放置反射端，使声波反射回来与入射声波相互叠加。调节发射端面与反射端面之间的距离，当其距离满足驻波条件，即为超声波半波长的整数倍，则入射波与反射波在声场空间中反复多次叠加形成高强驻波声场，并形成辐射声压，置于驻波声场中的纸片等微小物体在辐射声压的作用下，将达到悬浮。其中，发射面和反射面是声压的两个波腹，声压波节位于 $\lambda/4, 3\lambda/4, 5\lambda/4\cdots$ 处，在声压波节处，声辐射力具有回复力的特性，则被悬浮物受到轻微扰动偏移平衡位置时，能够在回复力的作用下再次回到平衡位置所以声压波节就是样品的稳定悬浮位置。

本实验可利用传统的超声波测速仪探究超声悬浮现象和特点，超声波测速仪发射端和接收端均是超声换能器。从物理本质上看，超声换能器可看作一个晶体谐振器，实验的关键点之一在于测出超声波发射换能器的谐振频率，解决谐振器驻波频率与超声振子谐振频率匹配一致的问题。选择合适的研究对象（泡沫小球）置于发射换能器上，旋转接收换能器，从而改变超声波测速仪发射端和接收端之间的距离，当其距离达到某一定值时，观察泡沫小球突然悬浮起来。

本实验亦可设计自组装实验装置，实现超声悬浮并探究超声悬浮的特点和规律。

实验 3.17　基于 Matlab 对乐器音色的探究

声音是由物体的振动产生的，乐器的发声也离不开物体的振动，乐器发声主要由激励源和共振体构成，激励源由激励体和振动体共同作用激发而来。比如云南经典的民族乐器葫芦丝，它是由口腔中的气流来激发簧片振动发出声音构成激励源，激励源发出的声音由共振体谐振而对一些特定频率的声音进行放大，形成一定音色的声音。

1877 年，德国物理学家 Helmoltz 提出了谐音列的理论、谐音列与音色之间的关系。当前，不少学者投入到这方面的研究，柴庆伟研究了从谐音列发音瞬间以及噪音影响等分析了古筝、二胡、钢琴等乐器的音色；刘若伦等分别从谐波、复倒谱、实倒谱、MFCC、机制声 MFCC 这几方面对西洋乐器进行了音色区分和分析；沈骏等从短时能量、短时平均过零率、MFCC 特征量几个方面对民族乐器进行区分研究。

一、实验要求

1. 了解描述音频信号（乐器）的基本特征和分析方法，阅读十篇以上基于 Matlab 对音频信号的分析相关论文。

2. 通过 Matlab 软件提取音频信号，分析音频信号 MFCC 特征量、共振峰特征量等特点。

3. 撰写一篇关于基于 Matlab 对音频信号、乐器音色的分析的论文。

二、实验主要器材

计算机、Matlab 软件等。

三、实验提示

MFCC 特征量全称为梅尔倒谱系数，最初它主要用于语音识别，后来又有许多研究者把它应用到乐音中，验证了它识别乐音具有一定可行性。把乐音频谱通过 Mel 滤波器就得到了 Mel 频谱。

共振峰指的是声音在频谱中能量集中的地方，由于共振体对不同频域的振动的增益不同，从而形成了不同的共振峰，因此共振峰不仅决定了音色特点，还反映了共振体的特性。对于不同民族乐器，它们的激励源和共振体都存在差异。

音频信号特征量的提取主要使用软件有 Adobe Audition、Matlab，Matlab 集成了大量的源函数代码，例如快速傅里叶变换直接引用源函数 fft 即可，为音频信号分析提供了极大的便利。

对于 MFCC 特征量和共振峰提取流程，可利用 Audition 软件分割标准的民族乐器音频，并利用 Matlab 软件强大的数据分析能力，对分割后的音频文件进行分帧、加窗、傅里叶变换、梅尔滤波、余弦变换以及作图得到该民族乐器的 MFCC 图。对分割后的音频文件进行分帧、加窗、傅里叶变换、实部取对数、逆傅里叶变换、寻找极大值以及作图得到共振峰图。

Matlab 功能较为强大，利用计算物理与物理实验相结合是创新实验、设计实验的方法之一。本实验旨在利用 Matlab 软件编程提取乐器的 MFCC 特征量、共振峰特征量，研究不同音色区别和特点，验证 MFCC 特征量、共振峰特征量区分不同乐器音频信号可行性。通过实验，学会利用 Matlab 软件编程解决物理问题、生活中的问题甚至识别乐器的音色等实际问题。

实验 3.18　测量重力加速度的设计与改进

重力加速度是物体由于受到重力的作用而产生的加速度。它是一个重要的地球物理常数，由物体所处地区的纬度、海拔等因素决定的，不同地区的重力加速度 g 存在一定的差异。精确测量其数值在生产、科研上都有着重要意义。

一、实验要求

1. 了解重力加速度的测量原理和常用方法，阅读十篇以上重力加速度的设计、测量改进相关论文。
2. 设计一种简易的重力加速度仪或在传统的实验仪改进实验，提高实验的精确度。
3. 撰写一篇重力加速度的设计、测量改进的论文。

二、实验主要器材

单摆、气垫导轨、三线摆等。

三、实验提示

经典力学实验室测量重力加速度的方法有很多种，如单摆法、平衡法、滴水法、用气垫导轨测量、落体法、三线摆法、打点计时器法、圆锥摆法等。其中，气垫导轨法对仪器的平衡要求很高，打点计时器法测量重力加速度对实验操作的要求较高，单摆法容易形成圆锥摆，均会造成实验误差。

单摆法是测量重力加速度的常用方法之一，单摆在小于 5°时所作的运动为简谐运动，满足

$$T=2\pi\sqrt{\frac{L}{g}} \tag{3-18-1}$$

式中:L 为单摆的摆长;T 为单摆运动的周期;g 为当地的重力加速度。只要测出摆长 L、周期 T,代入上式即可求出当地的重力加速度

$$g=4\pi^2\frac{L}{T^2} \tag{3-18-2}$$

对于传统的测量重力加速度的实验,善于发现实验中的“痛点”问题,单摆运动的周期的准确测量、单摆的摆角小于 5°、单摆摆长的选择与确定等是影响实验精确度的重要因素。若传统实验中秒表测量单摆周期会存在人为数错周期和时间不精确的问题,可利用智能手机软件 phyphox 记录周期改进实验,发现问题,针对问题,对症下药,是改进实验和创新设计实验的关键。

倾斜气垫导轨法也是测量重力加速度的常用方法之一,滑块在水平的气轨上受到水平方向的恒力作用时,滑块在气轨上做匀加速直线运动,分别测量滑块通过两个光电门时对应的初速度V_1 和末速度V_2,并测出两个光电门的间距 s,则滑块的加速度 a 为

$$a=\frac{V_2^2-V_1^2}{2S} \tag{3-18-3}$$

在水平的气轨的倾斜度调节螺丝下面,垫上垫块,使导轨倾斜,倾角为 α,滑块在斜面上所受的合力为 $g\sin\alpha$,它是一个常量,因此滑块此时亦作匀速度直线运动,即

$$a=g\sin\alpha=g\frac{h}{L} \tag{3-18-4}$$

式中:L 为导轨两端螺丝间的距离;h 为垫块的厚度。由式(3-18-3)、式(3-18-4)可得

$$g=\frac{(V_2^2-V_1^2)L}{2hs} \tag{3-18-5}$$

本实验旨在设计改进传统的测量重力加速度的方法,通过阅读文献,思考设计,实验实施来解决传统方法测量重力加速度的“痛点”问题,提高实验准确度,加强实验的研究深度或设计一种新方法、自组装装置测量重力加速度。

参考文献

[1] 张兰,向文丽.全息光栅的可控制作及表征研究[J].大学物理实验,2019,32(1):65-68.

[2] 杨靖垒,李廷荣,李春江,李陆余,向文丽.一种简易测量物体折射率的实验仪的设计及研究[J].大学物理实验,2020,33(4):68-7.

[3] 李春江,李陆余,杨靖垒,李廷荣,向文丽.一种简便快速测量折射率的新方法研究[J].大学物理实验,2020,33(1):28-31.

[4] 魏啟萍,向文丽.不同光源对光敏电阻延时特性的影响研究[J].大学物理实验,2017(3):35-38.

[5] 罗建平,向文丽.基于手机传感器Sense-it对蒸馏水折射率与温度关系的探究[J].大学物理实验,2020,33(6):24-27.

[6] 余东,向文丽.一种测量糖溶液旋光率的新方法和MATLAB分析[J].大学物理实验,2016,29(4):89-92.

[7] 陈继超,向文丽.透射光栅斜入射的简易测量及研究[J].大学物理实验,2018,31(5):73-77.

[8] 肖伦刚,余东,向文丽.基于MATLAB辅助测量透明介质折射率的新方法[J].大众科技,2017,195(2):49-51.

[9] 余东,向文丽.一种测量糖溶液旋光率的新方法和MATLAB分析[J].大学物理实验,2016,29(4):89-92.

[10] 廖子莹,向文丽.利用超声光栅测量液体声速的影响研究[J].大学物理实验,2018(3):15-19.

[11] 徐林超,向文丽.基于电磁感应法测量亥姆霍兹线圈磁场的改进[J].大学物理, 2022, 41(1):68-72.

[12] 李泽兴.基于LabVIEW仿真研究等厚干涉实验[D].楚雄:楚雄师范学院,2021.

[13] 陈乐隆.基于matlab探究民族乐器音色特点[D].楚雄:楚雄师范学院,2021.

[14] 王昆林,岳开华.普通物理实验[M].成都:西南交通大学出版社,2014.

[15] 王仕璠,刘艺,余学才.现代光学实验教程[M].北京:北京邮电大学出版社,2004.

[16] 熊永红,任忠明,张炯等. 大学物理实验[M]. 武汉:华中科技大学出版社,2004.

[17] 唐亚明,葛松华,杨清雷. 设计性物理实验教程[M]. 北京:化学工业出版社,2015.

[18] 汪静,迟建卫等. 创新性物理实验设计与应用[M]. 北京:科学出版社,2015.

[19] 张雄. 分光仪上的综合与设计性物理实验[M]. 北京:科学出版社,2009.

[20] 李平舟,武颖丽等. 综合设计性物理实验[M]. 西安:西安电子科技大学出版社,2012.

[21] 王爱军,唐军杰等. 应用性与设计性物理实验[M]. 北京:中国石化出版社,2019.

[22] 周群,杨欣,陆剑. 大学物理创新设计实验[M]. 西安:西安电子科技大学出版社,2016.

[23] 黄耀清,王凤超,郝成红. 大学物理实验教程—设计创新实验[M]. 机械工业出版社,2020.

[24] 李灵杰. 试析光盘道间距测量中光栅方程的适用条件[J]. 大学物理实验,2011,24(4):19-21.

[25] 王宝泉,祁胜文. 光盘的存取原理及提高存储容量的思路[J]. 德州学院学报,2014,(6):

[26] 刘竹琴. 利用光强分布测试仪测量蔗糖溶液的旋光率及其浓度[J]. 大学物理,2010,29(2):37-39.

[27] 罗垒垒,焦志阳,宋海晨. 蔗糖溶液旋光率测量方法改进[J]. 大学物理实验,2016,29(5):19-21.

[28] 郑光平,聂玉梅,朱丽. 使用示波器测量旋光率[J]. 物理实验,2006,26(5):37-39.

[29] 余慧,张鹏,裴国锦,顾启鹏. 利用智能手机辅助做大学物理实验[J]. 大学物理实验,2018,31(6):14-16.

[30] 张余梦,丁益民,蒋富丽,史振宇,殷子棋. 巧用智能手机光传感器测量金属的线膨胀系数[J]. 大学物理实验,2018,31(3):39-41.

[31] 李林鹏,杨兰,东姝玮等. 基于 Android 手机的偏振光自动测量[J]. 物理实验,2017,37(12):29-31.

[32] 林春丹,葛运通,成君宝等. 巧用智能手机做偏振光实验和超重失重实验[J]. 物理实验,2017. 37(9):16-19.

[33] 江敏丽,吴先球. 用智能手机探究电梯中的超重与失重现象[J]. 物理通报,2016(12):108-110.

[34] 齐立萍，王栋轩，王静一. 传感器在智能手机中的应用及发展趋势[J]. 科技视界，2018，000(003)：140－141.

[35] 刘竹琴. 利用光强分布测试仪测量蔗糖溶液的旋光率及其浓度[J]. 大学物理，2010，29(2)：37－39.

[36] 蔡建旺. 磁电子学器件应用原理[J]. 物理学进展，2006. 26(2)：180－225.

[37] 柴庆伟. 从音色的物理属性谈影响音色性质的内部要素[J]. 科教文汇(中旬刊)，2007(01)：72－73.

[38] 刘若伦，张家琦. 乘法模型下西洋乐器音色特征[J]. 声学技术，2009(3)：269－275.

[39] 沈骏，胡荷芬. 中国民族乐器的特征值提取和分类[J]. 计算机与数字工程，2012，40(9)：119－121.

[40] 王犟，刘香茹，石发旺. 利用阿贝成像原理制作全息光栅的理论分析[J]. 河南科技大学学报(自然科学版)，2006，(2)：94－95.

[41] 何建瑜，赵荣涛，竺江峰. 新马赫—曾德尔全息光路图制作高频全息光栅[J]. 大学物理实验，2011(6)：9－11.

[42] 刘香茹，巩晓阳，郝世明等. "分波面法"制作全息光栅的两种新光路[J]. 中国科教创新导刊，2008(5)：206.

[43] 王玉清，任新成. 光敏电阻特性的实验研究[J]. 延安大学学报(自然科学版)，2017，36(3)：85－88.

[44] 杨东，轩克辉，董雪峰. 光敏电阻的特性及应用研究[J]. 齐鲁工业大学学报，2013，000(002)：49－52.

[45] 王天会，李昂，王丹，等. 光敏传感器基本特性与应用教学研究[J]. 实验技术与管理，2017，34(5)：180－183＋187.

[46] 石明吉，罗鹏晖，刘 斌，等. 驻波法与相位比较法声速测量实验的对比研究[J]. 物理通报，2018(9)：89－92.

[47] 王芳，王超群，王明远，修素朴，刘玉芳. 基于磁旋光效应的质量浓度测量仪优化设计[J]. 河南师范大学学报(自然科学版)，2013(2)：61－63.

[48] 周严，刘跃，黄书彬，马巧云，刘晶晶，刘鹏辉. 基于霍尔效应实验的静态磁致伸缩演示实验仪设计[J]. 河北工业大学学报，2016(2)：23－27.

[49] 胡粉娥，魏生贤，时有明，李栋玉. 水的表面张力系数与温度的关系的对比研究[J]. 曲靖师范学院学报，2015，34(3)：7－10.

[50] 邓波，庞小峰. 静磁场作用下的水的性质改变[J]. 电子科技大学学报，2008，37(6)：959－962.

[51] 杨明，刘伟，徐革联. 磁化对水的性质影响的研究[J]. 化工时刊，2007，21(6)：14－17.

[52] 章礼华,徐英勋,张杰.毛细管升高法测水的表面张力系数及其修正[J].安庆师范学院学报(自然科学版),2011,17(1):123-125.

[53] 吴本科.细圆柱滴重法测液体的表面张力系数[J].物理通报,1997(10):35.

[54] 庞学霞,邓泽超,李霞,梁伟华.恒力矩转动法测刚体转动惯量实验中细线直径的选择[J].实验室科学,2008(6):82-83.

[55] 唐文彦,李慧鹏,张春富.扭摆法测量飞行体转动惯量[J].南京理工大学学报:自然科学版,2008,032(001):69-72.

[56] 于治会.小型导弹惯矩的测量——双线摆法[J].战术导弹技术,1992(1):16-22.

[57] 孔学军,刘耘畦,马沛生.膜池法测定液相扩散系数的误差分析[J].安庆师范学院学报:自然科学版,1999(04):52-54.

[58] 马友光,朱春英,徐世昌,余国琮.激光全息干涉法测量液相扩散系数[J].应用激光(6):337-341.

[59] 陈普敏,韩善鹏,李鸿英,等.采用泰勒分散法测量蜡分子扩散系数[J].化工学报,2014,65(2):605-612.

[60] 陈艳,孟伟东,魏利,普小云.用焦平面成像法测量液相扩散系数的研究进展[J].云南大学学报(自然科学版),2018,40(06):1128-1138.

[61] 宋芳嬉,孟伟东,夏燕,等.用双液芯柱透镜测量蔗糖水溶液的液相扩散系数[J].中国光学,2018,59(04):106-119.

[62] 夏燕,孟伟东,陈艳,宋芳嬉,普小云.基于双液芯柱透镜测量液相扩散系数—等观察高度测量法[J].光学学报,2018,38(01):163-169.

[63] 李红波,张毅,芦立娟.用分光计测量微小长度[J].南昌教育学院学报,2010(3),189-191.

[64] 郑邦克,刘永钧.光杠杆测微小长度变量实验装置的改进[J].工科物理,1993(1),32-34.

[65] 马成,丁益民.用螺旋电桥法测微小长度[J].湖北大学,物理实验室,2011(4),27-28.

[66] 张皓辉,武旭东,吕宪魁,等.单缝衍射法测量金属线胀系数[J].云南师范大学学报:自然科学版,2009(01):53-57.

[67] 纠智先,赵斌,徐滔滔.显微镜放大照像识别微小长度[J].武汉工业学院学报,2011,30(2):112-114.

[68] 王经淘,程敏熙,贾昱等.利用 Tracker 软件分析气垫导轨上弹簧振子的阻尼振动[J].大学物理,2014,33(4):22-24.

[69] 范颖玺,陈东生,王莹.利用 Tracker 软件实现动量守恒定律的验证[J].大

学物理实验,2020,140(1):99-102.

[70] 蒋富丽,丁益民,张余梦,等.利用Tracker软件分析干涉法测金属线膨胀系数实验[J].物理通报,2018(8):90-92,95.

[71] 高寒,张黔,谢媛,等.Tracker软件在三线摆测量刚体转动惯量实验中的应用[J].科教导刊,2017(2):61-63.

[72] 张萍,李洋.铜热电阻温度计的设计与组装[J].大连大学学报,2003,24(2):8-9.

[73] 秦颖,刘柯,刘旭阳等.温度计的设计与制作[J].大学物理实验,2019,32(1):101-103.

[74] 阮亮,高红,常缨等.用非平衡电桥法设计和组装电子数字温度计[J].物理实验,2001,21(10):24-26.

[75] 梁家劲.电子温度计的设计及其测量误差分析[J].广州大学学报:(综合版),2001,15(5):17-20.

[76] 丁辰禧、罗泽俊、陈霖涛、陈良祝、刘科.声悬浮演示仪的研制与优化[J].大学物理实验,2020,33(4):45-48.

[77] 千承辉,陈长松.基于平衡法的重力加速度测量装置[J].仪表技术与传感器,2014(10):19-21,27.

[78] 杨学东.滴水法估测重力加速度[J].物理教师,2002(07):28.

[79] 孙炳全,秦绪玲.气轨上测重力加速度实验研究[J].大学物理实验,2000(04):25-26+29.

[80] 林彦嘉,林鹏.用改进的落体法测量重力加速度[J].大学物理实验,2021,34(03):36-39.

[81] 董科,高红,朱峰,罗观洲,李华.一种用三线摆测量重力加速度的方法探讨[J].物理与工程,2018,28(01):110-113+122.

[82] 吉明荣,王新春,王昆林,司民真.用自制圆锥摆与Spss标定重力加速度[J].楚雄师范学院学报,2013,28(03):18-23.